稀奇古怪科学院

了不起的生物

任 辉⊙著

中国妇女出版社

图书在版编目（CIP）数据

了不起的生物 / 任辉著. -- 北京 ：中国妇女出版社，2022.2
（稀奇古怪科学院）
ISBN 978-7-5127-1960-6

Ⅰ.①了… Ⅱ.①任… Ⅲ.①生物学－青少年读物 Ⅳ.①Q-49

中国版本图书馆CIP数据核字（2021）第009740号

了不起的生物

作　　者：任　辉　著
策划编辑：闫丽春
责任编辑：闫丽春
封面设计：尚世视觉
责任印制：李志国
出版发行：中国妇女出版社
地　　址：北京市东城区史家胡同甲24号　　邮政编码：100010
电　　话：（010）65133160（发行部）　　65133161（邮购）
网　　址：www.womenbooks.cn
法律顾问：北京市道可特律师事务所
经　　销：各地新华书店
印　　刷：北京通州皇家印刷厂
开　　本：165×235　1/16
印　　张：11.75
字　　数：130千字
版　　次：2022年2月第1版
印　　次：2022年2月第1次
书　　号：ISBN 978-7-5127-1960-6
定　　价：59.80元

前　言

Preface

做生物科普的这些年，我时常会收到小读者们的各种提问——其他鸟类都只在繁殖季节产卵，为什么鸡天天都能下蛋呢？鲸类用自己头顶的呼吸孔呼吸，当它们睡觉的时候，会不会一不小心就呛水了呢？海底的压强能把铁桶都压破，那海底的鱼是怎么活下来的……

不得不承认，今天的同学们获取知识的途径多到令人羡慕，你们对自然万物的了解也远比我的童年时代更多。但和当年的我一样，当知晓了更多关于生物的奇妙习性后，就更容易产生困惑：为什么它们要这么做？这种动物为什么不像它的近亲那样生活？

其实，生物的任何一种身体构造和习性上的独特性，都脱离不了独特生存环境对它们的塑造。这也是我写作这本书的出发点：只有把视角潜入生物特殊的自然环境中，才能真切理解它们是如何适应不断变动的环境，又如何用演化出的特殊习性确保生命之火代代相传的。了解这些，我相信有助于我们理解演化的独特原动力，也能让我们发自内心地对自然万物的生命奇迹赞叹不已。

当然，即便这样，我们对许多生物习性的探究也不一定就能找到最终的答案。人类对自然万物的认识是在不断加深的，一些曾经被公认的科学解释在今天已经被推翻。我们今天对某种生物习性的解释，在未来也可能被新的理论所替代。在本书中，你或许会发现许多这类悬而未决的问题。

科学就是这样永无止境地向前发展的，我相信，只要有你、有我、有更多的人对未知抱有孜孜不倦的求知欲，就一定能洞察奇妙世界的更多奥秘。

任辉

2021年11月

目 录

Contents

第一章 荒野中的奥秘

第二章　波涛下的玄机

第三章　天空里的传奇

第四章　森林里的秘密

第五章　小虫子的大惊奇

第六章　身边的秘密

第七章　菜篮子里的故事

第一章

荒野中的奥秘

01. 狮子、老虎常年不吃蔬菜，不会缺维生素吗？

在大航海时代，扬帆远航是一项充满风险的活动。狂风巨浪可能摧毁船只，而即便一直风平浪静，奇怪的疾病也总是不期而至，夺去人们的生命：当船离开岸边一段时间后，水手就会出现牙龈出血、浑身淤青、皮肤渗血的症状，严重者更会危及生命，水手们畏惧地将这种怪病命名为“坏血病”（即维生素C缺乏病）。

直到1747年，英国医生林德进行对照试验后发现，只要给海员提供新鲜橘子和柠檬，就能在很大程度上杜绝“坏血病”的出现。他认定应该是橘子里有一种特殊物质——“抗坏血酸”在发挥作用。

今天的我们已经知道，所谓的“抗坏血酸”其实就是维生素C。除了橘子和柠檬之外，其他蔬菜水果中也富含大量维生素C，“多吃蔬菜水果”也早就成为妈妈们餐前少不了的叮咛。

但奇怪的是，当人们必须通过蔬菜水果获取维生素C时，有些动物——比如狮子、老虎这样的猛兽——从来不吃蔬菜水果，却也没出现维生素C缺乏病的症状，难道它们有补充维生素C的其他途径吗？

答案是肯定的。实际上，绝大多数动物都不需要单独摄取维生素C。大部分哺乳动物和小部分鸟类通过肝脏分解葡萄糖就可以合成维生素C，而爬行动物和另一些鸟类则可以在肾脏中合成维生素C，就连酵母菌这样的单细胞生物都可以从单糖里生成维生素C，反倒是像人类这样必须通过饮食获取维生素C的生物才是极少数的。

由于人类体内负责维生素C合成的基因发生了变化，所以失去了自身合成维生素C的能力，其他所有的灵长类动物、荷兰猪（豚鼠）、几种以水果为食的蝙蝠和一种叫作白喉红臀鹎的鸟类，也和人类一样无法合成维生素C。

幸运的是，维生素C的来源很丰富，只要多吃蔬菜水果，这种缺憾也不会给我们的生活带来太多不便。

人类必须通过饮食获取维生素C

02. 动物不会刷牙，为什么很少出现牙病呢？

牙齿上的釉质是我们身体上最坚硬的物质，但坚硬的牙齿也时常变成软肋。哪怕我们每天都精心刷牙，牙病依旧可能会不期而至：龋齿（蛀牙）会导致牙齿破损，钙化的牙菌斑会形成牙结石，一些中年人的牙齿会在吃硬质食物时崩坏，老人则会因为牙齿脱落而无法顺利进食。

人类的牙病如此普遍，野生动物的“牙口”却似乎要好得多，不管是食草的牛、羊，还是吃肉的猛兽，它们的牙齿都很难见到明显的病害。难道动物们对牙齿的呵护比每天刷牙的人类还要周到？

野生动物的确有自己独到的牙齿保健方法。譬如，喜欢用坚硬门齿啃断树木来构筑堤坝的河狸，它们的牙齿磨损程度远比人类严重，但与此同时，它们的牙齿终生都会不断生长，当然也就不用担心牙病了。鲨鱼的牙齿很容易在撕咬食物时掉落，但它们能长出新的牙齿替代，也就不会计较一两颗牙齿的得失了。

牛、羊这样的食草动物虽然以咀嚼费力的植物为食，但它们会先用胃液将植物消化一番再反刍到口腔里咀嚼，对牙齿的磨损自然就小了很多；狮子、老虎这样的食肉猛兽长着细长的尖牙，牙齿之间的缝隙比人类的大得多，食物残渣很难残留在牙齿上，牙菌斑也就没有太多生长的机会了。

反观人类的牙病隐患，其实和我们的生活方式密不可分。我们食用熟的食物较多，其中的蛋白质容易沾在牙齿上；我们吃的食物中往往含有大量糖分，这是牙菌斑最喜爱的生长环境；人类寿命屡创新高，牙齿的磨损程度也会随着年龄不断积累。从这个角度看，为了避免牙病频发，我们要更加爱护牙齿，养成良好的生活习惯。

喜欢用坚硬门齿啃断树木的河狸，牙齿会终生不断生长

03. 人生病可以看医生，动物生病怎么办？

不管多么强壮健康的人，生病都是在所难免的。当我们生病的时候，可以去医院寻求医生帮助。那么，游荡在荒野中的动物面对疾病威胁时该怎么办呢？没有医疗手段的它们就只能默默承受病痛吗？

其实，动物并非完全没有治疗疾病的能力，恰恰相反，我们人类早期的一些治疗方式还是受到了动物的启发。

在南美雨林中翱翔的金刚鹦鹉就是自然界的“医疗专家”。金刚鹦鹉以新鲜水果和植物种子为食，其中许多食物含有毒素。为缓解胃里的不适感，金刚鹦鹉会定期飞往特定河岸取食泥土。那里的泥土中富含的高岭土不仅能中和鹦鹉的胃酸，也能吸附一些有毒物质。非洲的黑猩猩也懂得吃土治病的妙招，它们还会整片吞下带有锯齿或毛刺的叶片来消灭肠道里的寄生虫。我们身边的猫和狗也掌握类似的治病方法，例如无肉不欢的猫有时也会啃几口草叶，其实就是在用难以消化的植物纤维帮助自己清理肠道里的毛球等异物。

当然，自然界的动物医生只能依靠经验解决有限的病痛，残酷的生存法则对于罹患疾病的动物也格外无情。即便是像狮子、老虎这样的猛兽，因生病带来的体能下降也会直接影响它们的捕猎成功率，而作为被捕食者的食草动物和小型动物就更容易在生病后被天敌猎杀。我们在野外很少能见到罹患重病的野生动物，或因病致残的动物个体，也正是这样的原因。

“吃土”是非洲黑猩猩的治病小妙招

04. 都叫“熊猫”，大熊猫和小熊猫怎么长得完全不一样？

如果你在动物园中同时见过大熊猫和小熊猫，一定会惊讶地发现，这两种动物的差别可远不是一个体形大、一个体形小这么简单：大熊猫看起来就像一头长着黑白花纹的熊，而长着长尾巴、毛皮棕红色的小熊猫却看起来和浣熊差不多。

大熊猫属于熊科动物，它的近亲是棕熊、北极熊这些真正的陆地猛兽，而小熊猫的近亲则全都灭绝了，和它最亲近的远亲是生活在北美洲的浣熊。那么，这样两种截然不同的动物，怎么名字里都有“熊猫”呢？因为这些都是现代研究发现的结论，100多年前发现它们的科学家可并不知道这些。

都叫“熊猫”，“大”的和“小”的却长得完全不一样

西方博物学家在喜马拉雅山南麓发现了小熊猫，因为它的头部圆鼓鼓的有几分熊的神韵，所以将它命名为“像熊的猫”，而后被发现的大熊猫则被称为“猫熊”。

后来，人们发现大熊猫和小熊猫都喜欢吃竹子，而且在前爪大拇指的外侧都有一个独特的“第六指”，所以误认为它们有亲缘关系。

当然，后来的研究揭开了这些谜团：大熊猫和小熊猫的生存环境相似——都生长有大量的竹子；“第六指”是它们手掌上的一块骨骼特化发育而来，以方便它们握取竹子。这样没有亲缘关系却演化出相似身体结构的情况，被称为“趋同进化”。

相似的例子在自然界中还有很多，这也体现了动物对大自然的强大适应性。

05. 熊不是都要冬眠吗？为什么大熊猫不冬眠呢？

漫长的冬日来临后，对于许多留在寒冷地带越冬的动物，尤其是对于青蛙、蛇这样的变温动物来说，由于外界的低温不能给它们提供足够的热量，挖个洞冬眠成了它们对抗严寒的最好办法之一。而刺猬、蝙蝠这样的小型哺乳动物虽然可以通过新陈代谢维持体温，但冬季缺少了它们钟爱的昆虫等食物，冬眠也成了它们的最佳选择。

同样是受缺乏食物所迫，体形庞大的熊类家族成员大多也会选择冬眠：生活在极地的北极熊基本只以海洋生物为食，进入极夜后的北极万里冰封，北极熊也失去了下水捕猎的渠道；黑熊和棕熊虽然是杂食动物，但它们既没有虎狼那样迅猛的捕猎速度，也难以在冬季的森林找到足够的浆果果腹，冬眠是它们最好的选择。

那么，大熊猫为什么不冬眠呢？一方面，和这些亲戚相比，以四季常青的竹子为食的大熊猫并不需要担心冬天的食物问题；另一方面，营养寡淡的竹子没有足够的养分让熊猫应对冬眠，坚持滴水不进长达几十天。因此，熊猫并没有形成冬眠的习性。

和熊猫一样，生活在南美洲的眼镜熊主要以凤梨科的水果为食，因水果常年十分充足，眼镜熊也就成了另一类不需要冬眠的熊类。

06. 除了人类，动物有交易行为吗？

在今天的人类社会，交易是再正常不过的事。人们用自己的辛勤劳动收获薪酬，又用薪酬购买需要的商品和服务，这样的等价交换就是交易。

在自然环境里生活的动物并不参与劳动，它们也没有薪酬的概念，但这并不代表它们就不交易。

几年前，耶鲁大学的研究团队对一群卷尾猴开展实验。研究人员先给每只猴子发了几枚金属片作为货币。在最开始，猴子发现这些金

通过刺激和学习，卷尾猴可以使用货币进行购买等交易

属片不能食用，所以很快弃之不要。后来，研究人员在每次投喂食物之前，都将食物和金属片放在一起展示，猴子们也就逐渐理解了这些金属片和食物之间的等价关系。

随后，研究人员开始向猴子“出售”苹果和葡萄。一开始，只要从猴子手里收走一枚金属片，研究人员就给它们喂食等量的苹果和葡萄。之后，研究人员开始有意识地减少葡萄的量，这等于在说“葡萄涨价了”。卷尾猴很快就对这种价格波动产生了反应，当研究人员再次拿出苹果和葡萄时，它们几乎只选择苹果——因为用同样的金属片总能换到更多的苹果。

更有意思的是，当研究人员刻意给某一只猴子更多金属片时，它似乎也明白自己成了“富翁”。这只猴子不仅会出手阔绰地购买昂贵的葡萄，还会用金属片向其他同类购买“服务”，譬如梳毛。提供服务的其他猴子也坦然地用自己的“劳动所得”购买食物。

虽然这一系列现象是在人工控制的环境下发现的，但我们无法否认的是，只要通过刺激和学习，卷尾猴可以认识货币，并根据物价作出购买决策，甚至可以通过货币购买服务，这和人类社会的交易行为没有本质区别。而在自然界中，黑猩猩和食蟹猴群体中也的确出现过通过为其他同类提供梳毛服务而换取食物的行为，从某种角度看，这也是一种交易行为。

07. 黑豹是由什么豹子变异来的，黑色会影响狩猎和生存吗？

提起黑豹，你会想起什么？是一支乐队？一位超级英雄？还是一架坦克？

黑豹声名远播，但要探求黑豹这种动物却不是一件容易的事。今天生活在世界各地的30多种猫科动物并不包含一个单独的黑豹物种，自然状态下的猫科动物原本也没有纯黑色的毛发，黑豹的出现其实是一类基因突变后病态的结果。除了我们熟悉的花豹之外，包括猎豹、美洲豹、美洲狮、猞猁在内的十几种猫科动物都会出现黑化个体。

一头黑豹

在中亚，人们把黑化猎豹称为黑豹；在中国，黑化的金猫（金钱豹）是绝大多数黑豹故事的主角；在南美洲，黑化的美洲豹被原始部落所崇拜。

既然黑化是种病态，那它会不会给这些豹子的生活带来不便呢？其实大可不必担心，皮毛的黑化只会改变动物的体色，对身体机能没有任何损害。绝大多数猫科动物生活在森林和草原地带，黑色的皮毛不仅不会显得扎眼，还能在光线暗淡时成为更高效的保护色。

一些研究表明，有些猫科动物的黑化还会带来意外的好处，例如，非洲的黑化薮猫相比于普通同类有更好的抗病性，而生活在高寒高原的黑化猫科动物，还能因为皮毛颜色更深而更容易保持体温。

但生活在动物园中的黑豹是个例外。一些动物园将黑豹视作摇钱树，为了获得更多黑豹，人为地让它们近亲繁殖，增大繁殖出黑豹的概率。这导致它们多发遗传病，很多人工繁殖的黑豹幼崽都在各种遗传病和畸形的折磨下死去了。这并不属于自然的变异，只是有的人为了一己私利在作恶罢了。

08. 为什么很多动物可以冬眠好几个月，人类就做不到呢？

寒冷的冬天，离开暖暖的被窝真的好难！每当我被闹铃叫醒，带着“起床气”无可奈何地起床时，脑海中就不免冒出一个荒诞的想法：如果我也会冬眠就好了，这样就能好好睡一整个冬天！

这当然是不可能的，人类并没有冬眠的能力。动物冬眠都是它们为适应寒冷气候所演化出的特殊机制。

应对严寒气候和冬天的食物匮乏正是许多动物被迫冬眠的最初动力。然而，在演化的早期，人类并不需要直面冬季的严寒——人类的祖先诞生于非洲大陆，和其他哺乳动物相比，人类身体上的毛发更少、更稀疏，这也是人类适应非洲炎热气候的证据。

在几百万年的时间里，早期的古人类至少分3批离开非洲，其中，经过不断的选择，智人最终走出非洲，并最终在世界各地播下文明的种子。在这个过程中，制作御寒衣物的能力让原本不适应寒冷气候的人类征服了严寒，高超的捕猎技巧以及后来兴起的农业种植让我们无须为冬季的食物匮乏而烦忧。

如此一来，即便人类的足迹已经深入寒冷地带几万年，也丝毫未曾经历与冬眠相关的自然选择的压力。

09. 晚上黑漆漆的，昼伏夜出的动物真的能看清东西吗？

浓重的夜色时常让人感到烦恼，离开了照明光源，我们不仅难以阅读、寻物，甚至连走夜路都处处受阻。让人羡慕的是，那些昼伏夜出的动物没有这样的烦恼，漆黑的夜色并没有阻挡它们洞悉世界。这完全要归功于它们独特的眼部构造。

我们人类的眼睛就像一套精密的透镜结构，当外部光线透过晶状体聚焦后，最终落到眼球后方视网膜上的视觉细胞里。视觉细胞受到光线刺激产生神经信号，这些信号经过大脑处理后就形成了我们所看到的影像。视觉细胞分为两种，一种是对颜色敏感的视锥细胞，另一种则是对暗光敏感的视杆细胞。昼伏夜出的动物普遍拥有比人类更多的视杆细胞，这让它们天然就更容易察觉微弱的光线。

除此之外，夜行动物的瞳孔也能舒展得更大。比如我们最熟悉的家猫，在深夜，它们的瞳孔面积可以达到眼球正面面积的90%，这几乎比它们在白天的瞳孔面积放大了135倍。巨大的瞳孔可以让更多的光线射入眼球。更有趣的是，猫的视网膜后方还有一层可以反射光线的照膜。猫利用这个反光层将夜晚微弱的光线再次反射，重新刺激视网膜。我们在夜晚看到猫咪眼睛里射出的绿光，其实就是那些被照膜反射回的光影。

不过，鱼与熊掌不可兼得。夜行动物在提升了弱光环境下视力的同时，也付出了一些代价：视网膜的面积是有限的，它们拥有更多的视杆细胞，视锥细胞就会相应减少，导致它们对颜色的识别能力普遍比人眼要差一些；照膜虽然可以给视网膜“补光”，却也让猫变得有些近视。所以，我们无须太过羡慕夜行动物的视力，虽然独特的眼球结构赋予它们在夜色下观察世界的能力，而我们眼中的世界却更为清晰多彩。

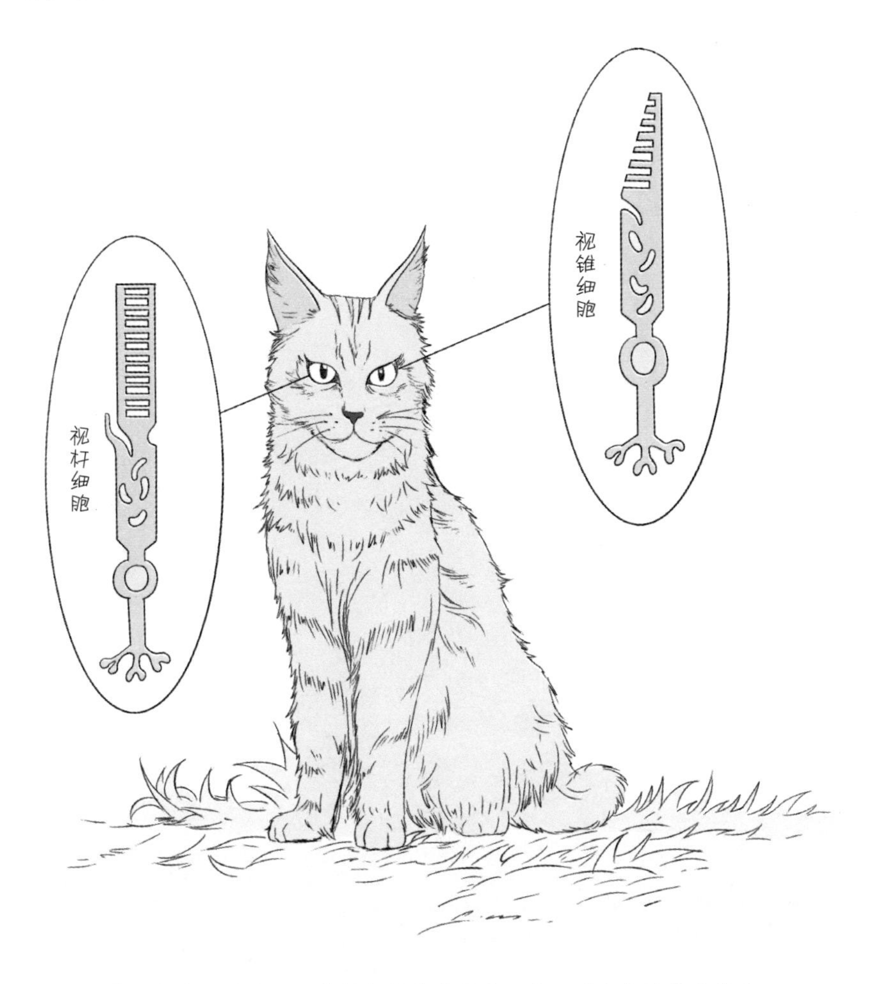

昼伏夜出的动物比人类拥有更多的视杆细胞，晚上也能看清东西

10. 除了人之外，还有其他动物会发动战争吗？

2011年，北美洲干旱的沙漠被战争的阴云笼罩。当然，我们翻阅任何一本史书都无法找到这场“大战”的痕迹，因为这场战争并非发生在人类世界，交战双方是美国亚利桑那州的两窝蚂蚁。

这是两窝比邻而居的蜜罐蚁，其中一窝生活在农场的水槽边，另一窝则扎根在畜栏附近。在过去的8年里，它们相安无事，但持续的大旱让畜栏旁的蚂蚁们遭受了严重的生存危机。为了争夺唯一的水

为了争夺水源，蚂蚁们发动了一场战争

源——那座漏水的水槽，畜栏蚁悍然发动战争。但拥有更多水源的水槽蚁积蓄了更强的战斗力，它们不仅顶住了攻势，还顺利完成反攻。战争最终以惨烈的结局收场：水槽蚁穴杀死了畜栏蚁穴的所有成员，还俘虏了所有没孵化的蚂蚁卵。

这不是人类第一次见识到动物之间的战争行为。1974年，坦桑尼亚的一群黑猩猩因为老头领的死亡而爆发内战。

公猩猩相互争夺统治权，将原本紧密的族群一分为二，许多猩猩开始对站到另一边的同类大打出手，哪怕它们原本也曾亲如手足，几头雌性猩猩甚至和对方族群通婚以换取和平。

战争是人类社会最残暴、最剧烈，也是最复杂的行为。长期以来，我们都认为战争是人类所独有的，是由于文化、社会组织等产生的非自然行为，但无论是亚利桑那州农场里蚂蚁们的“迷你大战”，还是非洲雨林中黑猩猩的手足相残，都更新了我们对战争的认知。

11. 生活在森林和草地上的哺乳动物为什么没有演化出绿色的毛发呢？

保护色是自然界普遍存在的一种生物体隐藏踪迹的方式。不管是变色龙根据环境变换体色，还是斑马身上条带状的花纹，都是保护色的经典案例。

按照通常的解释，老虎身上的斑纹也被列为保护色的一种，但在我们人类看来，潜伏在林地中的老虎其实非常扎眼，它们黄黑相间的毛色明明就和绿色的森林背景格格不入。如果它们真的要隐匿自己的行踪，为什么没有演化出绿色的毛发来起到更好的保护效果呢？

这当然和哺乳动物体内有限的毛囊色素有关。哺乳动物的毛囊只能产生棕色和黑色两种色素，如果再算上白化基因，那么哺乳动物的毛发就只有黑、棕和白色三种。我们看到的许多动物的毛色，只是这三种颜色的毛发按照不同比例掺杂的结果。可以确定的是，绿色的毛发根本不可能出现。

但这并不影响动物使用保护色隐藏自己，因为除了包括人类在内的少数灵长类动物之外，大多数哺乳动物都是红绿色盲。实际上，在人类眼中差别明显的红色和绿色，在光谱上本来就很接近，只是我们的眼睛对红色敏锐度极高，经过大脑加工后，又进一步扩大了这两种颜色的差别。而在其他哺乳动物眼里，老虎身上的黄色毛其实和绿色的森林背景非常相似，黄色的毛发完全可以发挥保护色的作用。

老虎身上的斑纹也是一种保护色，只是看起来没有那么隐蔽

12. 这些动物使用工具是小意思

几百年来，是否能使用工具一直是区分人和动物的标准。我们认定工具是人类作为万物灵长的独特技巧，动物不可能学会使用工具。

然而，这一常识随着英国动物学家珍·古道尔女士对黑猩猩的研究而被改写。

1960年7月，26岁的珍·古道尔第一次来到坦桑尼亚的贡贝河国家公园，开始了长达56年的黑猩猩研究。这年11月，古道尔发现黑猩猩会掐下小树枝，然后蘸上唾沫去掏白蚁或蚂蚁吃。这是人类首次发现动物也会使用工具。在那之后，关于动物使用工具的发现层出不穷：南美地区的猴子可以用石头砸开坚果，鸟类里的渡鸦会用小木棍挑树洞里的昆虫吃，澳大利亚的宽吻海豚会在前往珊瑚礁旁的海底沙地翻找比目鱼之前先挑选几块海绵保护好鼻子。这些都是典型的使用工具的行为。

2006年，一位澳大利亚潜水员在大堡礁首次发现并拍摄到一段一条猪齿鱼使用珊瑚礁撞碎贝壳的影像。从散落在海底的贝壳碎屑看，这条鱼使用这种开壳方式已经有一段时间。

猩猩、海豚和渡鸦一直是被人们认可的智商较高的动物，它们使用工具的能力虽然超出我们的预期，但也很快被接受。更低级的鱼类使用工具的行为，似乎说明对工具的使用可能和智力水平没有太强的关联，这很可能是自然界中普遍存在的现象。

猴子用石头作为工具，砸开坚果取食

13. 白犀牛并不白，黑犀牛并不黑，为什么这样起名字呢？

人们喜欢以物种最直观的外貌特征来给它们命名。比如，长颈鹿的脖颈的确修长，斑马的身上也长满斑带状的条纹，而一提到丹顶鹤，我们脑海中自然就能联想到它头顶上的那一抹赤红。

不过，这样的命名方式也并不总是能准确地反映外貌特征，生活在非洲的黑犀牛和白犀牛就很容易让人感到困惑：白犀牛并不白，黑犀牛也没有多黑，它们的皮肤都呈现出相差无几的棕灰色，甚至某些生活在非洲中部的白犀牛个体肤色比黑犀牛还要深一些。这是怎么回事，难道是生物学家黑白不分了吗？

对黑、白犀牛的命名其实是一个大乌龙，和颜色无关。白犀牛的命名者威廉·约翰·博切尔是一位英国探险家，他在19世纪初造访南非时首先对“白犀牛”（实际上很黑的犀牛）进行了科学描述。当时的南非已经是荷兰的殖民地，荷兰语已经成为当地的官方语言。当博切尔向当地人询问这种犀牛的名称时，他们告诉他，这种犀牛叫“wijd犀牛”。“wijd”在荷兰语中是“宽”的意思，原本是对犀牛宽厚扁平的嘴唇最形象的描述，但它的读音恰好和英文的白色“white”相近，不明就里的博切尔大笔一挥，就将它命名为“白犀牛”了。

此后，其他学者虽然发现了博切尔的错误，但“白犀牛”的叫法流行太久已不便更改了。为了与真正的白犀牛区分，肤色并不黑的“黑犀牛”的叫法也就只好将错就错了。

14. 野生动物只生活在野外？其实城市里也有不少

在我们的惯常印象里，野生动物总是与荒野为伴。它们要么在草原奔腾，要么穿梭于莽莽林海，要么翱翔在高原山巅，也有的沉浮在大洋和波涛中。城市——这个由钢筋水泥构筑的人造森林，似乎并不是野生动物的栖息地。

这种印象其实是错误的，生活在城市中的野生动物并不少见！

鸟类是对人造环境适应能力最强的野生动物代表，即便是和我们最为亲近、喜欢在人类屋檐下筑巢的家燕，其实也是不折不扣的野生动物。在今天的城市里，我们不难发现，原本栖息于林地的戴胜、啄木鸟在公园林木中穿梭，也能看到从西伯利亚南飞而来的鸿雁在池塘旁休憩的身影。

哪怕是在上海这样极度发达的城市中，野生动物也绝不罕见。趁着夜色的掩护，貉子在街头翻找垃圾堆里的食物，刺猬在草坪中找寻昆虫果腹。在英国的许多城市中，赤狐的数量甚至比家养的猫和狗还多；在墨西哥，郊狼经常在车水马龙的街道上游逛；澳大利亚的许多城市和森林直接相连，袋鼠跳到普通人家的后院里早就不是什么新闻了。城市中甚至还生存着猛兽。在拥有众多人口的洛杉矶，中心公园里居然生活着一只成年美洲狮。有趣的是，洛杉矶人并未把它视作威胁，借助GPS项圈的帮助，人们可以和美洲狮保持对双方都很安全的距离。在人类没有主动冒犯它的前提下，美洲狮也没有袭击人类的打算。这或许是城市未来发展的方向——人与自然和谐相处的乐园。

15. “傻狍子”真的很傻吗？

在现存的50多种鹿里，狍子是知名度最高的一种。随着“傻狍子”名号的走红，越来越多的人知晓了狍子的一些“滑稽习性”。据说它们在被猎人追赶的时候，总是先在逃窜一段距离后就停下来回头张望，甚至趴在雪地上一动不动。即便最终被它们逃脱，只要回到追逐的起点静静等待，没过多久狍子又会回来自投罗网。

狍子真的这么傻吗？答案当然是否定的。今天的狍子其实由两个物种构成：西方狍和东方狍。从北欧到东北亚的辽阔大地上，到处都能发现它们的踪影。能在如此广阔又严酷的环境下生存，狍子肯定是个进化成功的物种。

为了能在严酷的环境中生存，狍子也付出了许多代价。冬季时狍子取食困难，为了减少体能消耗，它们需要寻找一块“卧息地”休息。那里必须靠近没有被彻底冻结的河流以方便喝水，附近的植被必须足够遮挡寒风，又不能太过密集以免看不到天敌的行动。找到心仪的场地后，狍子还需要用蹄子将地面上的雪全部刨掉，以减少肚子上的热量流失，这也是它们得名“狍（刨）子”的原因。

在自然环境下，狍子的天敌主要是猫科的虎、豹和猞猁。这些猛兽擅长采用伏击的方式捕食，猎物一旦逃脱，它们不会穷追猛打——它们自己也早就饿得没有太多体力了，而及早放弃重选另一个目标更为实际。狍子深知天敌的策略，所以会在逃窜一段距离后驻足观察，如果确认安全就会重返“卧息地”。找到一块完美的“卧息地”很不容易，它们怎能轻易舍弃。

但在面对猎人时，狍子的这些策略却骤然失效。人类远比虎豹更有耐心，它们一次次地回头眺望，却总能发现猎人的身影，许多体力透支的狍子就倒在长距离逃窜的路上。而当它们以为危机消退返回“卧息地”时，又会再次进入猎人的埋伏。

所以说，狍子的所有“傻”的行为，其实都和智商毫无关系，只是一种生物在面对严酷自然条件时，无可奈何却又坚韧顽强的适应。在受到人类活动干扰之前，这些行为极为高效和成功，但新天敌——人类的出现，让狍子的处境岌岌可危。

好在包括我国在内的许多国家已经将狍子列为保护物种，或许在不久的将来，我们就常能看到它们自由跃动在林间的身影了。

“傻”狍子的傻行为其实是在确认“卧息地”是否安全

16. 生活在极地和高寒地带的动物起源于哪里？

生活在北极的北极熊、北极狐是耐寒动物的典型代表，但它们是从哪里起源的，一度是困扰科学家们的难题。

在书写《物种起源》时，达尔文曾提出自己的假设——这些耐寒动物就是北极地区的原住民，漫长的演化过程让它们拥有了对付严寒的“十八般兵器”——肥厚的脂肪、密实的毛皮。

在全球变冷的冰川期，地球的其他地区也变得凉爽，这些喜欢寒冷环境的动物借此不断扩散到世界各地。当地球再次变暖时，大多数耐寒动物无法适应当地的温暖气候，又跑回了自己的极地故乡。

而被留在温带的耐寒动物就没那么幸运了，一部分耐寒动物躲到高山和高原上继续生活（比如我们熟悉的雪豹、藏羚羊），一部分却走向灭亡，早就灭绝的披毛犀（又名长毛犀牛）就是这些悲惨生物的代表。

乍看起来，达尔文的解释十分合理，但它也存在一个缺陷：如果耐寒生物真的是从极地起源的，那么在南北极地区应当能找到它们祖先的化石才对，可在达尔文提出理论后的100多年里，古生物学家一直没有找到这样的证据。

20世纪初，法国古生物学家在中国河北有了意外的发现。他们在这里找到了一种古老披毛犀的骨骼化石。又过了很久，中国的科学家又在甘肃、青藏高原找到了更古老的披毛犀化石。

一种新的耐寒生物起源学说由此浮出水面：披毛犀很可能是在今天的青藏高原一带诞生的。在史前时代，青藏高原还是一片温暖的平原，但随后的地质变化让这里的海拔不断变高，气温也逐渐寒冷，原本喜欢温暖的古老犀牛也随着环境变化逐渐适应了寒冷气候。当冰川期来临时，它们走出青藏高原，一路到了西伯利亚、北极地区。

而今天还生活在北极的北极狐似乎也遵循着这样的路线，它们的祖先很可能是原本生活在青藏高原的一种远古狐狸——邱氏狐。

总而言之，极地动物有可能原本生活在温带，当故乡发生了沧海变桑田般的地质活动，它们也逐渐演化而练就了抗寒的本领。

北极只是被它们征服的“新领土”而已。

17. 想让骆驼走正步？别想啦，它是顺拐专业户

我们在日常走路的时候，手臂的甩动和腿脚的迈步总是左右交替的：我们向前迈左腿的时候，就会自然地向前伸出右手臂。这其实是有科学道理的，向前迈出的左腿会给身体带来一个向右偏转的力，而向前伸出的右手臂恰好抵消了这个力。因此，左右交替的腿脚和手臂可以让我们保持身体平衡，也可以更高效地直线行走。而同时迈出同一侧腿和手臂的动作就很不协调，这样的动作也有它专属的名字——顺拐。

对于人的行走来说，顺拐是一种别扭的姿态，但对于自然界的一些动物来说，顺拐反倒是它们走路的标准姿势。我们熟悉的“沙漠之舟”骆驼就是一个顺拐专业户。

为什么骆驼会用顺拐的方式走路？科学家对此提出了好几种解释，最主流的观点认为，骆驼的腿实在太长，如果使用左右交替的方式走路，身体两侧的腿就有可能绊在一起，但是用顺拐的方式能最大限度地避免这种自己把自己绊倒的窘境。

骆驼并不是唯一一种顺拐走路的动物，腿更长的长颈鹿同样也是顺拐走路。欧洲探险者第一次在非洲大陆见到长颈鹿的时候，立马发现了它们特殊的走路姿势，并很快把它们和同样顺拐的骆驼联系起来，以至于长颈鹿一度被叫作“骆驼马”呢！

“沙漠之舟”骆驼是“顺拐专业户”

第二章

波涛下的玄机

01. 贝加尔湖明明是淡水湖，怎么会有海豹呢？

贝加尔湖是地球上储水量最多、最深的淡水湖，古代中国人早就知道这座北方的大湖，也因为它的辽阔深邃而称其为“北海”。当然，贝加尔湖的诞生与海没有任何关系，它原本是由一道地质运动时产生的巨大裂缝蓄水形成的，而距离它最近的海洋也远在一两千千米之外。

不过，神奇的贝加尔湖却又多多少少带有一些“海的印记”，在这座大湖中畅游着一种纯正的海洋生物——贝加尔海豹（它是世界上最小的海豹种类）。如果贝加尔湖和海洋没有任何联系，生活在海洋中的海豹又是怎么来到湖里生活的呢？

这一切都要从遥远的冰川时代说起。今天的贝加尔湖通过叶尼塞河和安加拉河与北冰洋相连。在冰川时代，充足的冰雪融水让这两条河流远比今天宽阔得多，一些生活在北冰洋的环斑海豹被河流中的鱼群吸引，逆流而上，它们中的一些先行者甚至来到距离北冰洋2000千米远的贝加尔湖中繁衍生息。可惜，冰川时代结束后，叶尼塞河和安加拉河的环境已经不再能满足海豹的需求，它们或者重返海洋，或者在河流中逐渐灭绝，只有进入贝加尔湖生活的一小部分得以幸存，并最终在这里独立演化。历经数十万年岁月，它们已经变得和生活在北冰洋中的祖先大不相同，由此诞生了一个独属于贝加尔湖的新物种——贝加尔海豹。

有趣的是，世界上最大的咸水湖——里海中也生活着一群海豹，但它们在此栖息的原因与贝加尔湖海豹大不相同。里海原本就是地中海的一部分，漫长的地质活动让里海和海洋分离后，生活在这里的海豹也就被隔绝在湖中了。

贝加尔海豹是生活在淡水中的海洋生物

02. 为什么“鲸落”对海底生态特别重要？

“鲸落”是人们对巨鲸死亡后沉入海底这一现象的浪漫描绘。对于生活在深海底部的生物来说，巨鲸陨落十分凄美。

在陆地和浅海，植物和能进行光合作用的浮游生物是将无机物转化为有机物的主力军，这些植物和浮游生物又供养了其他动物生存，几乎可以说，光合作用是奠定一切食物链的基础。但由于海水对阳光的阻挡，在800米以下的深海，就再也没有任何阳光射入了，光合作用也就无从谈起，生活在深海的生物面临着“吃什么”的大问题。

“鲸落”恰恰解决了这个问题。鲸的体形巨大，它们死后沉降至海底，腐肉可以供海底肉食性鱼类、虾蟹食用长达数月之久。当鲸肉被啃食一空后，一些蠕虫又会钻进骨头中吸吮骨髓中的脂肪，一头巨鲸的尸体需要几年的时间才会被彻底分解。

“鲸落”并不是海底生物生存的唯一希望。生活在海水表层的小鱼小虾排泄的粪便，或它们死亡后形成的有机碎屑纷纷扬扬落向海底，像极了陆地上的降雪，它们也由此得到了“海雪”的美名。

正是凭借“鲸落”和“海雪”的滋养，原本并不适合生物存活的深海海底才有了生命的迹象。

03. 搁浅的鲸为什么会死掉呢？

生活在海边的朋友或许听说过鲸搁浅的新闻。虽然它们搁浅的原因至今都没能被找到，但有一点是肯定的：如果不能对搁浅的鲸及时给予帮助，它们的生命安全就很难得到保障。

这听起来很让人觉得匪夷所思。我们都知道鲸是用肺呼吸的一类海洋哺乳动物，在海滩上搁浅，并不会对它们的呼吸产生任何阻碍。虽然搁浅时无法移动和觅食，但它们的体形如此庞大，体内营养储备应当十分充足，几天不吃不喝也不会饿死才对。是什么威胁了搁浅巨鲸的生命呢？

其实，搁浅的鲸多半是“胖”死的。

鲸的祖先重返海洋已有几千年时间，在漫长的演化之路上，它们早已适应了海洋这个新环境。不过与此同时，鲸的骨骼也变得脆弱无力。这原本不是什么性命攸关的缺陷，因为海水的浮力足以帮助它们支撑庞大的身体。但当鲸搁浅后，鲸那脆弱的骨骼就无法承担保护内脏的重任了。当自身体重压迫内脏，而肋骨却无力支撑时，鲸的生命便受到了威胁。一些小型的鲸，比如海豚，或许还能因为体重较轻而支撑更长时间，但海滩上炽烈的阳光也是一种威胁，它们的皮肤很容易在阳光直射下开裂、出血。如果不能得到人们的及时救援，太重的鲸便很难逃脱死亡的厄运。

04. 如果把鲸的喷水孔堵住会怎么样？

提到鲸，我们总能想到它们浮出海面从头顶喷出水柱的场景。其实，鲸并不喷水，那些水柱只是它们从鼻孔呼出空气时被吹到空中的水雾而已。作为一种需要在海洋中潜浮的生物，鲸的鼻孔已经从脸中央转移到了头顶。有了这种特殊构造，它们就不需要每次都高仰着头呼吸，这也是它们对海洋环境的一种特殊适应。

除了外观的变化之外，鲸的呼吸道在内部和人类有所区别。我们都有过捏着鼻子用嘴呼吸的经历，这是因为人的呼吸道和食道是互相连通的。喉部一个叫作“会厌”的软骨结构就是控制两者连通的阀门。当我们吞咽食物时，会厌关闭，避免食物进入气管；捏着鼻子时，会厌又会打开，让空气畅通无阻地从嘴巴进入气管以供呼吸。但这种结构常会给生活在海洋里的鲸带来风险，它们的嘴巴会兜进许多海水，为了避免自己被呛到，鲸的会厌基本都处于闭合状态，鲸也基本丧失了用嘴巴呼吸的能力。

当然，凡事都不是绝对的。2016年，科学家在新西兰发现了一头行为诡异的赫氏矮海豚，它每次浮出水面后都费力地高扬起头部，轻咧嘴巴似乎正在呼吸。后来的研究也确认了这个判断，由于身体病变，这头矮海豚的鼻孔似乎被堵塞了，幸运的是，它的会厌也因为病变而错位打开了。可想而知，虽然这些病变让这头矮海豚在捕猎过程中时刻受到呛水的威胁，但也正因如此，身残志坚的矮海豚由于会厌的存在才不至于一命呜呼。

05. 为什么一角鲸会长出细长的“角”？

鲸的种类众多，但一角鲸绝对是令人印象深刻的一种。体长不过四五米的一角鲸头上长着一只修长的“角”，以至于有人怀疑，这种鲸正是古代欧洲神话里独角兽的原型，“一角鲸”的名号也由此而来。不过，一角鲸的名字并不准确，因为那只“角”和牛、羊的角完全不同，它其实是一角鲸的左侧上颌牙。

一角鲸的“角”其实是它的左侧上颌牙

刚刚出生的一角鲸幼崽没有“角”，随着身体发育，它的上颌牙会逐渐刺破上嘴皮，最终可以长到一两米长，还有极少数一角鲸会长出两根长牙。而且，牙齿越长、越粗，代表它的地位越高。

长久以来，人们对一角鲸长牙的作用有许多猜测，有人认为这是争夺交配权的工具，就像雄鹿和公羚羊用它们的角所做的事情一样。但并不需要争夺交配权的雌性一角鲸也有长牙，在野外的观察中，科学家们也从未发现一角鲸用长牙激烈搏杀的情形。

最近几年的研究发现，这些长牙里有极为丰富敏感的神经，由此引发了对长牙作用的新推测——一角鲸生活在寒冷的北极海域，这里的海面时常被流冰覆盖，对于需要浮出水面呼吸的鲸来说，如果海面的冰层完全冻结，必然是灭顶之灾。而通过长牙里敏锐的神经探测，一角鲸或许能感受到周围海水的温度和盐度的变化，由此而预测出附近冰层变化的趋势，从而及时躲开正在冻结的海面，让自己不会陷入没有可供呼吸的水面而困死的窘境。

这种推测逻辑合理，但是否这就是一角鲸长牙真正的用途还需要进一步的研究才能确定。

06. 为什么砗磲的肉是五彩斑斓的？

砗磲是双壳贝类（蛤蜊）家族的巨无霸，被称为“贝王”。现存最大的库氏砗磲体形可以长到近2米，重量可以达到300千克。也正因为它们体形庞大，人们才能用砗磲厚重的壳进行珠宝雕刻加工。古人钟情于砗磲珠宝，认为它既像玉一样温润柔和，又有自身独特的美感。

要我说，古人恐怕没见过活着的砗磲，否则，他们一定会发现砗磲的肉才是美的精华。大多数蛤蜊的肉要么是朴实无华的淡色，要么像北极贝一样有着一条肉红色的“舌头”。但砗磲大为不同，它们的肉不仅色彩丰富，还点缀着许多迷人的纹路。为什么在种类繁多的蛤蜊里，只有砗磲的颜值这么出类拔萃呢？

其实，这和砗磲庞大的体形密切相关。和其他所有蛤蜊一样，砗磲也是一种滤食动物，它们吞进海水，水中的浮游生物被筛进消化道中，成为它们果腹的食物。但对于如此巨大的砗磲来说，数量有限又极其微小的浮游生物显然不够它们填饱肚子。要养活自己，砗磲必须另谋出路。与一类叫作“虫黄藻”的微生物共生，成了砗磲的选择。这是一个互利共赢的策略：晌晴薄日下，虫黄藻通过光合作用为砗磲提供营养；无论日夜，砗磲产生的代谢废物又成了虫黄藻取之不尽的原料。这些细微的原生生物不仅塑造了砗磲外套膜的迷人色彩，更提供了砗磲约80%的所需养分。当然，虫黄藻也带来一个麻烦——它们必须在稳定的光照条件、水温和酸碱度下才能保持活性，而这样的要求限制了砗磲的分布范围。今天的所有砗磲之所以都只生活在印度洋和太平洋西侧的热带浅海，就是因为这里有最适合虫黄藻生活的环境。

与“虫黄藻”的共生，让砗磲的肉变得五彩斑斓

07. 为什么赤道的热带小岛上也有野生企鹅？

企鹅生活在哪里？南极一定是你脑海里冒出的第一个答案。但南极并不是企鹅唯一的家园，实际上，在现存的18种企鹅里，终生生活在南极并在这片极寒大陆上繁殖的企鹅只有两种——最大的帝企鹅和其貌不扬的阿德利企鹅。其余的大多数企鹅只在极昼期间来到南极周边海域觅食丰盛的磷虾，一旦进入寒冷的极夜就会返回在非洲、大洋

加拉帕格斯企鹅是唯一分布在北半球的企鹅种群

洲、南美洲南部和南极洲周边的岛屿越冬。有些企鹅甚至终生都不会涉足南极半步，而最极端的一种企鹅更是在热带的岛屿上扎了根。

如果仅从地理位置来看，被赤道横穿而过的南美加拉帕格斯群岛应当是一群标准的热带岛屿。但奇怪的是，这里并不湿润多雨，也很难见到雨林密布的热带景色，更神奇的是，群岛上居然还生活着一种企鹅——加拉帕格斯企鹅。加拉帕格斯企鹅是现存的企鹅中分布最靠北的一种，其中，生活在伊莎贝拉岛赤道以北区域的几十只加拉帕格斯企鹅，成为唯一分布在北半球的企鹅种群。

和其他所有企鹅一样，加拉帕格斯企鹅的身体结构并不适合在热带生活，它们之所以能在加拉帕格斯群岛扎根，是凭借一股强大寒流的力量。在南美洲西岸，澎湃的秘鲁寒流将南极周边冰冷的海水推向赤道附近，不仅让加拉帕格斯群岛的气候凉爽宜人，也泛起了海底积淀的丰富营养物质，使群岛周围的海域因此而变得鱼虾丰美。

被食物吸引而来的企鹅流连忘返，最终塑造了赤道企鹅的生物奇迹。

08. 海底热泉附近水温高达几百摄氏度，生活在附近的虾蟹不怕烫吗？

从大西洋到太平洋东岸，几千米深的海底贯穿着一条绵长的海底山脉。乍看起来，它就像大洋深处隆起的脊梁，所以有了“洋中脊”的别名。

洋中脊是活跃的地壳运动在深海留下的印记，这里也是海底火山和地震频发的区域。在陆地上，这样的地质活跃区域往往有丰富的地热资源，如温泉，洋中脊也不例外。但这里的“温泉”可比陆地上的猛烈得多，由于海底的洋壳更薄，地下熔岩还未冷却就和海水接触，且在极度高压的环境下，使水温比100℃的常压沸点高很多。

目前，人们发现的一座海底热泉喷出的水温甚至达到了惊人的464℃。不仅如此，这些滚烫的热水中还混杂了许多重金属杂质和硫化氢，以至于许多热泉喷出的水像墨水一样漆黑浓郁。

很明显，从海底喷薄而出的滚烫黑水已经超出了我们所熟知的大多数生物的耐热能力，但出人意料的是，海底热泉周边却是一幅生命繁盛的景象，许多贝类、虾蟹在此栖息，有的干脆就住在热泉的喷水口附近。它们难道不怕烫吗？热泉里的重金属不会把它们毒死吗？

原来，生活在热泉附近的生物体内共生了一些可以分解硫化氢、二价铁和二价锰的细菌，原本剧毒的化学物质被细菌分解后会成为有机物，反倒成了供养这些生物的宝贵食物。

海底热泉周边的高温也被这些生物巧妙破解——构成它们身体的蛋白质比普通生物更能耐受高温。而深海极低的环境温度也给了它们足够的腾挪空间，虽然热泉中心维持着几百摄氏度的高温，但只要在十几厘米之外，温度就会下降到可接受的程度。

在这么恶劣的环境中，这些热泉生物依旧会牢牢抓住任何生存下去的机会，可以说，海底热泉不仅是地质活动激烈进行的场所，也是谱写生命奇迹的大舞台。

生活在几百摄氏度热泉附近的海洋生物

09. 洄游鱼类是怎么找到出生的那条河流的？

成群大马哈鱼逆流而上翻越瀑布的画面是许多自然纪录片中的经典场面。我们早已知道，这种鱼在河流中出生，在海洋中成长，最终又会回到河流中繁育下一代。这一波澜壮阔的生命历程就是鱼类的洄游。

除了大马哈鱼之外，洄游的鱼类还有不少，但它们洄游的方向并不相同。比如，我们熟悉的河鳗，其出生在遥远的大洋中心，在河流中成长多年后最终又洄游到海洋里繁殖。

虽然两者的洄游模式恰好相反，但有一点是共通的，即它们的洄游路程都非常漫长，且都有一个明确的目的地——它们出生的那片水域。可是，鱼类并没有GPS导航的帮助，是怎么准确找到几千千米之外的“故乡”的？

科学家们曾对鱼类洄游的“导航模式”进行过许多推断，最早的观点认为，鱼类能精确地感受到地球磁场的变化，顺着体内的“指南针”，它们就能找到故乡。但在对洄游鱼类解剖后，人们并没有找到任何可以充当“指南针”的磁场感受器官。

另一种观点认为，鱼类是通过夜晚的星辰变化来判断自己的方位的，就如同早期的航海家们通过观察星辰的角度来判断方位一样。但很多鱼类的视力并不出色，它们恐怕无法在并不平静的水面下清晰洞察星辰的变化。

最新的研究发现，鱼类的嗅觉系统异常发达，它们对那些溶于水的气味分子的辨别能力达到了人类嗅觉敏锐度的数万倍。

如果将一滴河狸的尿液滴入一个标准游泳池中，池里的大马哈鱼瞬间就能被这种天敌的气味惊动得上蹿下跳。有学者认为，气味很可能是引导洄游鱼类归乡的信标——每一条河流的水都溶解了沿岸独特的植被腐烂物质和土壤里的矿物质，这些溶于水的气味分子塑造了每一条河流独特的气味，哪怕河水汇入大洋并被洋流和波涛搅散，几千千米之外的鱼也能敏锐地嗅到。

原来，正是在“家的味道”的指引下，鱼类踏上了归乡的壮阔之旅。

10. 不用爸爸就能生宝宝？“孤雌生殖”的小龙虾是怎么做到的？

2017年之前，马达加斯加人并不知道大理石纹螯虾是何物。这也难怪，长有奇特花纹的大理石纹螯虾原本就不是自然的产物，而是一些德国水族爱好者通过将两种观赏螯虾杂交得来的新品种。

生活在欧洲水族箱里的宠物龙虾怎么跑到非洲孤岛来了？马达加斯加人还没来得及探清这个问题的答案，就立马发现了一个大麻烦：这种小龙虾不需要雄性参与就能自己繁殖！

这就是令人惊叹的“孤雌生殖”。它是指那些雌雄异体的生物，在特殊情况下可以不用雄性提供精子，仅依靠雌性自身来完成的繁殖过程。

在植物界，孤雌生殖的例子非常常见；而在动物界，孤雌生殖主要出现在比较低等的昆虫中。人类第一次发现动物能孤雌生殖，始于古希腊先贤亚里士多德对蜜蜂的观察。

今天，我们已经记载了蚜虫、竹节虫等昆虫的孤雌生殖现象，蛙类、蛇类，以及鱼类中的泥鳅，鸟类中的家鸡、鸽子也有过孤雌生殖的特殊案例。

尽管自然界里的孤雌生殖不算特殊，但在马达加斯加发现的这例小龙虾孤雌生殖案例，的确需要引起重视。

作为水族养殖圈里的宠儿，大理石纹螯虾很可能也是从欧洲流传到了马达加斯加的水族爱好者手里。

或许正是某位水族爱好者不负责任的随意丢弃，才让这种人工培育的小龙虾进入了马达加斯加野外，成为一种生物入侵物种。而能孤雌生殖的特点，则又让人们更难避免它们所带来的负面危害——哪怕只有一只雌性大理石纹螯虾进入马达加斯加的河流，它都能自己繁育出庞大的种群，这些外来小龙虾很可能会因为缺乏天敌而泛滥成灾。

11. 海底的压强能把铁桶压破，鱼类是怎么活下来的？

世界上最人迹罕至的地方是哪里？马里亚纳海沟的“挑战者深渊”一定位列其中。从20世纪中叶人类探测器第一次潜到这里算起，到2020年年底中国自主研发的“奋斗者”号载人潜水器到访这里为止，来过马里亚纳海沟的人造潜水器数量一只手就能数过来。

深邃海沟之所以难以企及，跟这里极高的水压不无关系。在海洋中，每下潜10米左右就会增加1个标准大气压力。在11000多米深的马里亚纳海沟，深潜器每平方米的外壳需要承受的水压达到了惊人的11000多吨。哪怕最坚硬厚实的钢铁壳也会在这种压力下被压垮，所以，包括我国“奋斗者”号在内的深潜器都使用更牢固的钛合金打造球形耐压壳，壳上用来观察外部情况的窗户，也都是用最厚实的超耐压玻璃打造的。

但奇怪的是，如此恐怖的深海，竟然不是生命的禁区。在马里亚纳海沟最深处，竟有许多虾蟹、蠕虫和鱼类生活。难道它们看似柔弱的身体比人类最尖端的深潜器还要结实？当然不是，这些鱼虾并没有什么钢筋铁骨的超能力，因为它们不须如此。

人类所造的深潜器需要面对如此高压，是因为深潜器的内部必须充盈空气以满足操作人员的生存需要，这导致内外部的压力有巨大的差距。但海底的鱼虾则不同，它们的体内原本就充盈着海水，体内的压力和外界压力完全一致，哪怕马里亚纳海沟的水压再大，和它们体内也形成不了压力差，它们也就不需要面对任何压力了。

12. 全球变暖怎么会威胁到喜欢温暖海水的珊瑚呢？

到珊瑚礁潜水是一种宛如入梦的体验，五彩斑斓的珊瑚在你身边环绕，数不胜数的动物穿梭其中，这片“海洋热带雨林”的魅力是世间少有的。但随着全球气候变化，炫美的珊瑚礁正在遭遇危机，过去几十年，珊瑚白化甚至死亡的现象在全球热带海域愈演愈烈，如果气候变化的趋势不能得到有效遏制，许多海域的珊瑚美景就将彻底消失。

我们都知道，珊瑚是一种喜爱热带温暖海域的动物，全球变暖应该会让更多的海域适宜珊瑚的生存，它们的未来应当更为光明才是，但为什么全球变暖会导致珊瑚危机呢?

事情不像表面这么简单。我们都知道，珊瑚礁是由许多微小的珊瑚虫构筑的，而珊瑚虫体内共生的虫黄藻不仅赋予它们多样的色彩，而且通过光合作用为珊瑚虫提供宝贵的养料。

但虫黄藻对环境的要求特别高，它们只能在稳定的温度、光线和酸碱度下正常生活。在工业革命之后，人类活动导致的温室气体大量增加，其中占比最高的就是二氧化碳。被排放到大气中的二氧化碳和海水接触后，有相当多的一部分溶解于水形成碳酸，使海洋逐渐变得酸化。

此外，气候变化还导致极端天气的增加，愈发频繁的海上风暴会导致珊瑚礁所处海域的水温、水流的激烈变化，这些都是虫黄藻无法容忍的。

哪怕只是水温上升，也很容易对虫黄藻造成伤害，因为它们喜欢的温度值固定在一个范围内。

珊瑚虫附着在珊瑚礁上，它不能像鱼虾一样躲避这种环境变化，而当外界变化累积到一定程度时，珊瑚虫体内的虫黄藻就死亡了。失去虫黄藻的珊瑚露出了钙质骨骼的底色后，多彩的珊瑚礁便随之“白化”。

如果白化持续的时间较短，珊瑚虫还可以通过自己捕食浮游生物勉强度日，可如果这里的环境长时间不能恢复，仅靠珊瑚虫自己的话，便终将因无法支撑而大量死亡，而依靠珊瑚礁生存的鱼虾也将随之销声匿迹。

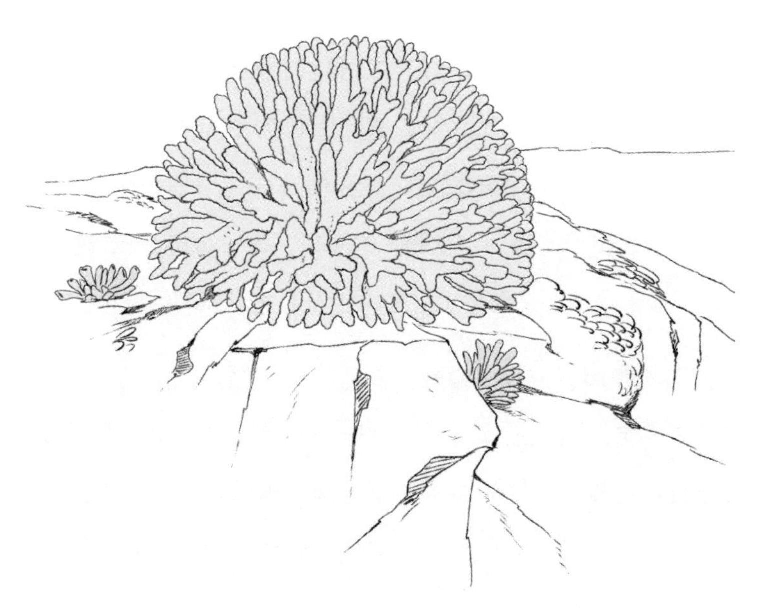

如果气候变化的趋势得不到遏制，美丽的珊瑚就将彻底消失

13. 第一个吃螃蟹的人，吃的是什么螃蟹？

鲁迅先生曾说，“第一次吃螃蟹的人是很可佩服的，不是勇士谁敢去吃它呢”？这也难怪，从审美的角度来看，螃蟹确实算不上长得多么讨人喜欢，许多螃蟹还常挥舞着两只大螯，足以让人们对它望而却步。也因此，人们常用“第一个吃螃蟹的人”来形容人敢为天下先的勇气。

第一个吃螃蟹的人到底是谁，这个问题我们恐怕永远找不到答案。人类吃螃蟹的历史非常悠久，许多古人类遗址里都有食用后的蟹壳，所以至少在几十万年前，我们的老祖先就已经开始食用这些河边常见的“小怪物”了。

中国很早就有关于蟹的文字记载。《周礼·庖人》是一部记述周王朝贵族饮食习俗的古籍，在其中有过周天子喜欢吃“青州之蟹胥”的记载。青州是古代九州之一，其范围包含今天的山东半岛。蟹胥就是把蟹剁碎腌制后得到的蟹酱，这种做法往往用来处理腥味极重的海蟹。山东半岛出产的带有浓重腥味的海蟹，最有可能是三疣梭子蟹。直到今天，梭子蟹依旧是包括山东在内的沿海人最喜欢的蟹种。

不过，哪怕曾被天子青睐，以三疣梭子蟹为代表的海蟹在中国的饮食文化圈里还是逐渐失宠了。从宋朝开始，文人墨客的人生志向开始变得淡泊清雅，腥味浓重的海蟹显然不再符合他们的需求，河蟹由此备受文人推崇。从此，大闸蟹慢慢来到聚光灯下，在中国的蟹文化里变得愈发重要起来。

14. 为什么买来的贻贝上总是带着一根“麻绳”？

贻贝好吃，但清洗起来特别恼人。不知为什么，每只贻贝上都有根“细麻绳”，不清理总觉得不干净，但一只只去揪掉费时费力不说，还总会带下一些贻贝肉来。难道养殖贻贝必须使用“麻绳”吗？难道我们就买不到不带“麻绳”的干净贻贝吗？

看上去是麻绳，其实是贻贝的足丝

其实，哪怕你能买到真正的野生贻贝，它也会带着这样的“麻绳”，因为这段“麻绳”根本不是人造的产物，它完全就是贻贝自身的组成部分——足丝。

贻贝的一生需要经历多个阶段，刚孵化出的贻贝苗是一种典型的浮游生物，居无定所的它们在海水中随波逐流。生长到一定大小后，它们钟爱于在近海潮间带的礁石上定居。

潮间带食物丰富，每天涨落的潮汐将海洋中的浮游生物不断冲刷到此，贻贝只需要守株待兔，就能吃喝无忧。但潮间带也充满挑战，快速流动的海水力道极大，稍有不慎就会将立足未稳的贻贝再次裹进水中。想要在这里扎根，贻贝必须找到固定自己的妙招，足丝就起到了这样的作用。

贻贝会分泌出丝状的蛋白质，它们的一端富有黏性，可以在触碰到礁石后牢牢粘住礁石，而丝本身会在遇水后迅速硬化。等许多根足丝从各个角度锚定后，贻贝就可以无惧风浪了。

实际上，生活在潮间带的生物大多都有固定自己的技巧，牡蛎和藤壶是直接将自己和礁石黏在一起，鲍鱼这样的腹足动物则完全依靠强悍的腹部吸力来抓住礁石。

15. 海螺居然也能产珍珠？

珍珠是怎么来的？这个问题一定难不倒你。当沙砾等外界杂物不慎被贝类卷入体内后，贝类的身体会分泌出一种叫作珍珠质的物质。天长日久，珍珠质不断裹住沙砾，最终形成圆润又折射着虹彩光泽的珍珠，这些能产生珍珠的贝类也被统称为“珍珠贝”。能产生珍珠的贝类很多，我们日常所见的珍珠大多是由生活在海洋中的马氏珍珠贝和生活在淡水中的三角帆蚌等生成的，除了它们，哪怕是经常被端上餐桌的扇贝也能生成一些小颗粒的珍珠。

但能产生珍珠的海螺，就不是那么广为人知了。

女王凤凰螺里可以发现珍贵的孔克珠

和双壳贝类一样，海螺柔软的身体上也有一层能分泌珍珠质的组织，它们的螺壳正是由珍珠质构成的。但和双壳贝类不一样的是，海螺的身体更加紧凑，沙砾这样的外来杂质很难被它们裹进体内，导致海螺珍珠更为稀少罕见。

生活在大西洋西部加勒比海域的女王凤凰螺是海螺里比较容易发现珍珠的一种，即便如此，往往在50000只女王凤凰螺里也只能找到一枚规则的珍珠。

由于数量稀少，颜色又是独特的嫩粉色，女王凤凰螺的珍珠拥有专门的名号——孔克珠。一枚品相较好的孔克珠能拍卖出远超钻石的天价。

16. 带鱼最喜欢吃什么？恐怕是它的同类

今天，带鱼霸占着中国海洋鱼类捕捞量的头一名。无论你游逛在哪座城市的海鲜市场，带鱼都是常见品种。人们喜欢吃带鱼，可带鱼喜欢吃什么呢？

从满口尖牙来看，带鱼显然是一种凶悍的肉食性鱼类，而在处理带鱼的时候，也不难从它肠胃里发现小鱼小虾等残留物，这也符合我们惯常的“大鱼吃小鱼”的认识。但这还不是带鱼食谱的全貌，带鱼的吃相远比我们看到的可怕得多。对我国东海地区的带鱼解剖后发现，它们胃里总有一些已经撕碎的鱼类肉块，通过DNA溯源，肉块最主要的来源居然是带鱼的同类。

带鱼最喜欢的食物竟是它的同类

同类相残的悲剧在自然界并不罕见，一些动物的雄性个体会杀死幼崽，但那是为了刺激雌性再次发情以产下自己的后代。带鱼显然不是为了这个目的。

科学家研究发现，在食物丰富的夏季，带鱼胃里发现的同类肉块占到总进食量的26%，而在食物最匮乏的冬季，这一比例会骤然攀升到35%，可见带鱼是把同类作为一种常见的猎物来看待的！

更有意思的是，带鱼的繁殖期长达几个月，同一年孵化的带鱼本应有出生早晚不同而导致的体形区别，但在第二年带鱼成熟时，那些体形稍小的带鱼总是神奇地消失了，一整群带鱼的体形总是趋于一致。这预示着那些发育迟缓的小带鱼都已经被体形更大的同类吃掉了。

看来，身为一条小带鱼要是不拼命吃喝快快成长，就会威胁到自身性命啊。

17. 鲸会感觉痒吗？它们怎么挠痒痒呢？

不管是蚊虫叮咬、过敏长包，还是秋冬季节的干燥气候，都难免会导致皮肤瘙痒。人类通常的应对措施很简单直接——挠一挠。

在动物界，挠痒痒也是很常见的行为。手臂灵活的猴子不仅会自己挠痒痒，也能帮助同伴抓虱子以消除瘙痒来源。有些四肢并不是特别灵活的动物，也有“狗熊蹭树”这样的挠痒绝招。

生活在水中的鲸和海豚一样会面临皮肤瘙痒的麻烦。水里虽然没有蚊虫，但游动缓慢的大型鲸类身上很容易滋生鲸藤壶和鲸虱。游动速度较快的海豚可以依靠水流摆脱寄生虫的纠缠，但身上也总会沾满藻类和死皮。另外，对于所有鲸豚来说，在浮到水面呼吸的过程中，背部皮肤也总会受到阳光中紫外线的炙烤，这也可能使皮肤因灼伤和过敏而导致瘙痒。由此可见，它们同样也有挠痒痒的需求。

为了适应水中生活，鲸豚的四肢早已退化——后腿消失不见，前肢特化成了鳍。显然，它们用四肢挠痒痒是不可能的。

为了挠痒痒，不同的鲸豚演化出了不同的方法。在北美海岸游弋的虎鲸和白鲸喜欢到浅海的砂质海底翻滚，这是用沙砾摩擦祛除死皮的好办法；澳大利亚的宽吻海豚钟爱柳条珊瑚分泌的黏液，它们把黏液蹭在身上就可以有效消除皮肤上的炎症瘙痒；被藤壶和鲸虱困扰的座头鲸、弓头鲸需要借助海鸟的帮助，它们浮出水面的时候总有数不清的海鸟飞来啄食寄生虫。借由这些方式，鲸豚类也就解决了瘙痒这个大难题。

18. 章鱼、鱿鱼和乌贼该怎么区分？

人们经常把章鱼、鱿鱼和乌贼混为一谈，这也难怪，它们都是头足类大家族的成员，长相乍看起来差不太多——都是一个身躯下面长了许多触手。

当然，有探究心的你肯定还想把它们分辨清楚。这其实并不难，只需要数一下它们的触手（腕足）的数量，你就能先把章鱼筛选出来。章鱼是头足纲八腕总目的成员，顾名思义，它的腕足只有8条；而鱿鱼和乌贼的腕足则是10条，这是头足纲十腕总目的典型特征。

想进一步地区分鱿鱼和乌贼，则需要在它们的身体内找线索：鱿鱼的内骨骼早已退化成了一片柔软透明的角质；而乌贼的体内则有一块质感硬脆的石灰质海螵蛸，这是它的内骨骼。

当然，头足类动物并非只有章鱼、鱿鱼和乌贼这三大类。作为一个至少延续了5亿年的古老生物大家族，头足类动物一度非常繁盛，也演化出10000多种形态各异的物种。

今天的头足类物种虽然已经大大萎缩，但依旧还有8个目700多种，除了我们熟悉的这几类常见品种之外，背负着厚重“贝壳”的鹦鹉螺、体内包裹着螺旋状内骨骼的旋壳乌贼都是头足类的成员。想要把它们都区分清楚，还需要同学们更进一步地学习和探究哦。

19. 海狮、海豹和海狗有什么区别？

在大约3000万年前，鳍足动物的共同祖先还只是今天北极地区的一种长相和鼬相似的陆生小动物。但在随后的几千万年里，鳍足动物不仅征服了海洋，也朝着不同的方向演化出不同的样子。今天的鳍足动物大家庭至少有3个大的分支，也就是海象科、海豹科和海狮科。

由于海象科只有海象这一个物种，它们细长的獠牙长得十分鲜明，所以很好辨认。但要区分海狮科和海豹科的生物就没那么容易了，这两个分支成员众多，体态各异，外观上也没有太多鲜明的特征，导致许多人分不清海狮和海豹。

当然，海狮和海豹并非完全不可区分，只要我们仔细观察，还是能找到一些显著的区别：由于骨骼结构不同，在滩头爬行的海狮可以耸立上半身，蹼状的后肢也可以向前翻转，而海豹就没有这样的能力，它们只能趴在地上缓慢蠕动；海狮的耳朵虽已经退化得很小，但依旧清晰可见，而海豹的耳朵则彻底退化成了一个小孔；海狮的皮毛只是单一的颜色，但许多海豹拥有斑纹的皮毛。

除了海狮和海豹之外，对鳍足动物稍有了解的同学应当知道“海狗”的存在。其实，海狗也是海狮科的一类，只不过它们皮毛上的毛发比普通海狮更浓密、细长，所以也被称为“皮毛海狮”，这是它们适应更寒冷海域的典型特征。除此之外，它们和海狮没有本质的区别。

20. 为什么淡水生长的大闸蟹要回到海洋去产卵？

每年中秋佳节，蟹都是餐桌上备受人们推崇的美食，而中国人对蟹的喜爱，也因为它们的产地不同而大致分为“海蟹”和“河蟹”两大流派。大闸蟹（也就是中华绒螯蟹）正是“河蟹”的代表。你或许不会想到，大闸蟹的“河蟹”身份其实并不纯粹，它的生命之旅源于海洋，所以从某种意义上说，它也是一种海蟹。

每年秋季，正是大闸蟹的繁殖季节。性成熟的大闸蟹成群结队地从湖泊、河流顺流而下进入近海，这里正是它们出生的地方。

大多数成年大闸蟹在完成迁徙和繁殖后会精疲力竭而死，蟹卵则完全交给水温自然孵化。刚刚孵化的幼蟹还需要在海中经历多次蜕壳，几个月之后，它们又会沿着父母来到海洋的路线逆流而上进入淡水中。

像大闸蟹这样从淡水进入海洋繁殖的过程被称为“降海迁徙”。大闸蟹如此大费周章完成繁殖的原因，还要从海水和淡水具有不同的渗透压讲起。

和大多数生物一样，大闸蟹的体液中的盐度和海水相近，导致它们的体液和淡水具有不同的渗透压，让它们很容易罹患水肿甚至死亡。成年的大闸蟹可以依靠精密的身体结构抵抗这种渗透压，但蟹卵和幼蟹却没有这样的能力。

实际上，世界上绝大多数的蟹都必须在海水中才能完成繁衍，只有一小部分溪蟹另辟蹊径：它们会大大减少自己卵的数量，并且每一枚卵的个头也比其他蟹的卵大得多，这相当于把卵当作一片小小的海洋，幼蟹在蟹卵中完成彻底的发育后才会破壳而出。

显然，这种必须返回海洋繁殖的特性极大地影响了大闸蟹的分布范围，它们虽然可以在发育成熟后返回淡水生活，但孱弱的运动能力让它们几乎无法前往距离海洋很远的地方。

在几百年前，远离海岸的内陆地区几乎完全见不到大闸蟹的身影，当地的居民也根本不认识大闸蟹，当时还传出过当地居民把外地贩卖来的大闸蟹当成“大蜘蛛”的趣闻呢。

生长在淡水的大闸蟹产卵的时候会回到海洋里

21. 长相奇怪的鲎，是怎么用蓝色血液帮助医生的？

长相奇怪的鲎是海洋中名副其实的“活化石”，在恐龙都没有诞生的古生代泥盆纪，鲎就已经在浅海中缓缓爬行。时至今日，东亚、北美的一些海岸还能发现它们的身影。

人们早就认识了鲎，也一直把它当作寻常海鲜食用，直到1956年，美国医学家弗雷德里克·邦发现了鲎潜力巨大的新价值——鲎的蓝色血液在被细菌感染时会凝固。

如果用鲎的血液做成医学试剂，就能发现许多原本难以察觉的细菌感染，哪怕受测试的溶液中的细菌含量极低，也难逃鲎血的检测。

后来的研究发现，这种现象来源于鲎血液中独特的免疫机制。我们知道，人类的血液中有许多白细胞，它们如同我们血液中的小卫士，帮我们消灭那些意外闯入体内的外来微生物。而作为一类古老的生物，鲎没有演化出这样高效的免疫系统，为了避免自身被外来微生物感染，鲎通过血液中的阿米巴样细胞来达到同样的效果。

当阿米巴样细胞和细菌接触后，就会立刻萎缩破裂，释放出可以让周围的血液局部凝固的化学物质。细菌被包裹在果冻一样的凝固物里，也就阻断了整只鲎感染疾病的风险。

由于具有极高的准确性，在弗雷德里克·邦发现鲎血的神奇功效后的几十年里，鲎血试剂一直备受推崇，时至今日，每年约有50

万只鲎被捕捉，然后被人类采集血液。

当然，这些鲎的生命并不会受到威胁，人们只会在一只鲎的身上采集少量血液，然后就将它们放生，这就像我们人类献血一样。但是，毕竟古老的鲎奉献血液是为了保护人类的身体健康，因此，对于这样的生物，我们当然应该予以善待和保护。

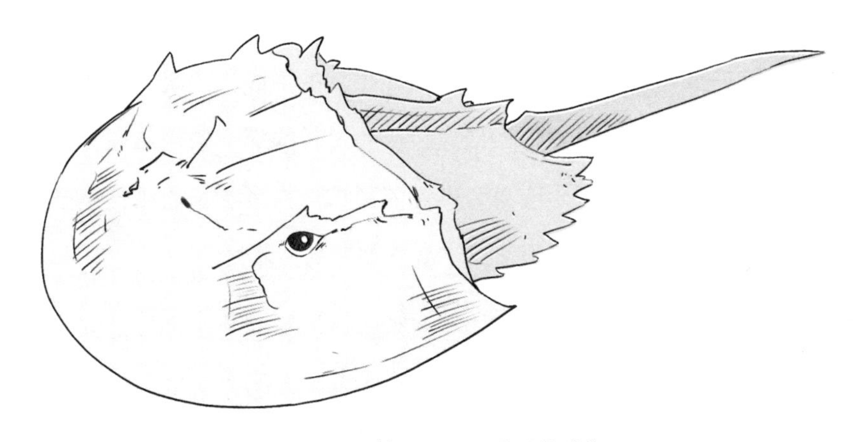

鲎的血液可以帮助医生检测细菌感染

22. 会改变性别的鱼到底有多任性？

谁是男生？谁是女生？我们应该进哪个卫生间？区分性别是我们从小就要学习的基础知识，在我们看来，性别是一个固定的概念，一生都不会改变。

但在许多鱼类身上，性别是一个可以变化的属性。生活在东亚温带淡水中的黄鳝就是一种可以变性的鱼。小黄鳝出生时，它的卵巢就开始发育了，而它同时也拥有完整的精巢，也就是说，黄鳝根本就是雌雄混合体。当生长到一定体形和年龄后，黄鳝的卵巢会逐渐萎缩，精巢则开始发育。

海洋中的小丑鱼遵循着和黄鳝截然相反的路线。在统治一片珊瑚礁的小丑鱼家族里，只有体形最大、年龄最长的那一条是雌性，其他雄性小丑鱼都在等待一个变身为雌性的契机。当最年长的雌性小丑鱼死亡后，地位仅次于它的那条雄性就立刻变身为雌性。

出生在海洋又洄游到淡水中生长的河鳗，长期处于没有性别的状态，直到它们生长到性成熟的年龄，并随着河水顺流直下返回海洋中繁殖的时候，才开始出现性别的分化。

有趣的是，河鳗会根据同伴们的性别比例来决定自己是成为雄性还是雌性。通过这种微妙的调节，河鳗群总能保持一个最佳的雌雄比例，而不至于出现性别失调导致繁殖期找不到配偶的窘境。

人与大自然和谐相处

第三章

天空里的传奇

01. 南方也很冷，候鸟为什么要南飞？

每到秋末冬初，北半球的天空就成为候鸟南迁的大舞台。候鸟要去哪里？笼统的答案是：南方。北方的冬季寒冷刺骨，但南方就一定暖和吗？答案其实是不一定。我国疆域基本都处在北半球的温带地区，许多南方省份在冬天也并不总是温暖。既然如此，候鸟又何必南飞呢？

其实，候鸟所要去往的南方，和我们日常生活中所指的“秦岭、淮河以南”并不是一回事。它们前往南方的目的，也不仅仅是躲避严寒和低温这么简单。

我们知道，鸟类的饮食十分丰富多样，天鹅这样的水禽喜欢在湿地中寻找水生生物和植物根茎，家燕则偏爱飞舞的昆虫。对于这些典型的候鸟而言，冬季不仅严寒难耐，更带来了一个大问题——食物消失了。水面已经冰封，它们怎么吃到水底的食物呢？昆虫消失得无影无踪，家燕也只好饿肚子了。因此，去食物依然充足的地方越冬，是唯一的解决办法。

也正是因为有着不同的饮食习惯，候鸟南飞的距离长短不一。对于天鹅来说，只要能飞到在冬季也不会因为冰封而影响觅食的地方就可以越冬，地理位置上仍然属于北方的山东半岛因此而成为许多天鹅的越冬地；而以昆虫为食的家燕就必须飞到更温暖、昆虫更多的地方，我国的家燕往往跨越大洋飞往东南亚地区，甚至径直飞到澳大利亚越冬。

02. 红腹滨鹬——别看我身体小，我能直飞万里遥

全世界的现存鸟类有近万种，接近四成有迁徙的习性。种类如此多的候鸟，谁才是迁徙距离最远的王者？是排队南飞的鸿雁？还是孑然展翅的海雕？抑或是能飞越珠峰的斑头雁？

的确，乍看起来，体形相对硕大的鸟类才能应付长途跋涉的辛苦，但真相很可能让我们大跌眼镜——在候鸟迁徙距离长度的榜单上，排名前列的居然都是“小不点儿”！

红腹滨鹬就是这群“小不点儿”中的典型代表，别看它体形比鸽子还小，每年的迁徙距离却长到能吓人一跳：从我国路过的红腹滨鹬会在夏季前往西伯利亚北部繁殖，冬季又回到澳大利亚和新西兰南部越冬；从美洲迁徙的红腹滨鹬则一直在北极圈和阿根廷之间往返迁移。

2010年，一只被科学家装上GPS发射器的红腹滨鹬仅用了6昼夜就完成了从巴西到加拿大长达9000多千米的飞行，而在这一年里，它往返迁徙的距离甚至达到了26700千米之遥。

以如此小的体形应对如此漫长的迁徙，红腹滨鹬的体能遭受了严峻的考验。在迁徙之前，红腹滨鹬不仅需要快速积累脂肪，甚至还需要先将体内的消化器官和飞行中暂时使用不到的腿部肌肉加以萎缩以减轻重量。

为了尽量缩短在迁徙路上消耗的时间，它们只会在上万公里的整条迁徙路上停留一次，而我国的黄海、渤海滨海湿地就是红腹滨鹬重

要的歇脚场所之一。它们会在这里觅食滩涂贝类以恢复营养，贝类是它们后半程的旅途能否顺利完成的关键。

遗憾的是，和世界各地的其他海岸一样，我国的滨海湿地也面临人为大规模开发的威胁。近些年来，由于无法在途中找到足够的歇脚场所，许多像红腹滨鹬一样的候鸟的迁徙正面临着巨大的挑战。

所幸，我国政府已在2018年发布《国务院关于加强滨海湿地保护严格管控围填海的通知》的文件，要求严控新增围填海造地，以加强滨海湿地保护，改善海洋生态环境，提升生物多样性，为生物的生存提供更加美好的家园。

03. 人类能吃到榴梿，还要多亏蝙蝠

在昏黄的夏季夜空里，我们不难发现蝙蝠飞舞的身影，大家应该已经知道，这是蝙蝠在利用自己的回声定位系统捕猎昆虫。

不过，蝙蝠其实是个很大的家族，在今天发现的约1300多种蝙蝠里，也有许多并不喜欢吃昆虫，它们更青睐于那些不会移动的果实、花蜜和花粉。

许多喜欢吃果实、花蜜和花粉的动物都无意间帮助植物完成了传粉或播种的过程：吸取花蜜的昆虫的身上沾满了花粉，当它们前往另一株植物的花朵中觅食时，就完成了传粉；许多鸟类在啄食果肉时会把种子也一并吞下，当它们飞到远方排泄时，种子就落到地上生根发芽，这相当于帮植物完成了播种。

不过，昆虫和鸟类的传粉、播种能力也有自己的局限，因为昆虫的体形和飞行距离都很有限，而鸟类在面对大型果实时主要是啄食果肉，只有很少的种子会被它们吞下。

比较之下，喜欢吃果实和花粉、花蜜的蝙蝠们在许多地区承担了更重要的传粉和播种任务。

1883年，印度尼西亚西南部的喀拉喀托火山停止喷发，5年之后，由狐蝠（由于头形似狐，口吻长而伸出，故称狐蝠）从20千米外传播到岛上的100多种植物的种子让这里重现生机；在马达加斯加沿海林地里，狐蝠以一己之力维持着森林间的播种重任，被它们携带的

种子甚至能传播到50千米之外。

一些夜间开花的植物对蝙蝠传粉更为依赖，大多数鸟类和昆虫无法在夜色中觅食，而一些夜行性的蝙蝠几乎成为这些植物唯一的传粉、播种途径，我们常吃的榴梿正是这种严重依赖蝙蝠传粉的植物。

04. 为什么蓝脚鲣鸟的羽毛是灰黑色，脚却是蓝色的？

在南美洲加拉帕格斯群岛上，蓝脚鲣鸟当属全岛“最靓的仔”。尽管它们的模样并不张扬，但一双蓝色的大脚蹼着实吸人眼球，尤其是在繁殖季节，雄性蓝脚鲣鸟还会交替地抬起自己的蓝脚来炫耀一番。蓝脚鲣鸟的脚为什么是蓝色的，它们炫耀蓝脚的目的又是什么呢？

和其他所有鲣鸟一样，蓝脚鲣鸟是一种纯粹的海鸟，它们会从几十米的高空中以高达100千米/时的极速一头扎进水里，捕食成群的沙丁鱼。许多鱼类肌肉中富含类胡萝卜素，比如虾青素，这些类胡萝卜素进入蓝脚鲣鸟体内后，与它们体内的一些特殊的蛋白质结合，形成了它们独特的蔚蓝色的脚蹼。

也就是说，蓝脚鲣鸟的脚蹼颜色，实际上与它们的摄食情况息息相关。雄性蓝脚鲣鸟的脚蹼颜色越蓝，就代表它吃得越好、营养越充足，相应地，它的体格也会更强健。而它娴熟的捕猎技巧，也会给后代提供源源不断的充足食物，这样的雄性当然会收获雌性的芳心了。

蓝脚鲣鸟喜欢展示脚蹼，实际上和孔雀开屏一样，都是一种天然的求偶行为。

05. “佛法僧”这么有禅意的鸟的名字是怎么来的？

806年，空海和尚从大唐回到日本高野山建寺修禅。夜深人静的时候，空海听到一种奇特的鸟鸣，“步、泼、嗦”。寥寥三声鸟鸣，却在空海心里激起波涛：“步、泼、嗦”恰好和日语里“佛、法、僧”的发音相同，而佛、法、僧是佛教中的佛门三宝。空海想，能发出这样叫声的鸟也一定是富有佛性的吧！

第二天天一亮，空海就漫山遍野寻找鸟叫声的来源，他发现寺院周边的树干上有许多漂亮的蓝色小鸟。空海大喜，将这种鸟命名为“三宝鸟”，后人又依据这则故事，将它叫作“佛法僧”。

空海和佛法僧鸟的奇遇故事流传了1000多年，在这期间，人们又发现并命名了好几种佛法僧鸟，并将它们列为鸟类中的一个属——佛法僧属。

但奇怪的是，这些佛法僧鸟却从来没在人们面前直接叫出过“步、泼、嗦”的声音。一些人认为，空海是得道高僧，自然可以和神鸟产生共鸣，普通的凡夫俗子是不足以打动神鸟叫出禅音的。

然而，20世纪30年代的日本鸟类学者中村幸雄不信这个邪，他发现在佛法僧出没的山林里还生活着一种猫头鹰——东方角鸮。传说中空海和尚听到鸟叫的深夜正是猫头鹰活跃的时间段，而佛法僧鸟几乎不会在夜间活动。

中村幸雄怀疑，充满禅意的鸟叫很可能是猫头鹰而不是佛法僧鸟发出的。为了印证这个判断，中村幸雄取得政府的许可，在一个夜深人静的夜晚拎着猎枪钻进了山林，当他终于听到“步、泼、嗦”的叫声时，对准声源就是一枪，果然，树上应声掉下的那只飞禽并不是佛法僧鸟。

后来的研究发现，佛法僧鸟和东方角鸮一样，每年夏季都会从南方迁徙到高野山附近繁殖，两种鸟生活在同一片林地里，只是昼夜活动习性截然不同。

在夜晚听到鸟叫的空海直到第二天才上山查探，当然见不到那些昼伏夜出的东方角鸮了。不过，虽然中村幸雄揭开了谜团，但佛法僧鸟的名号已经流传开了，这个大乌龙也就始终没有改过来。

06. 为什么体形巨大的安第斯神鹫能轻盈地飞行？

从外貌来看，安第斯神鹫并不炫酷，但当你亲眼见到翼展超3米的巨鸟翱翔天际时，就不难理解南美洲的原住民为什么将它称为“神鹫”了。

从体形来看，安第斯神鹫是今天所有能飞行的鸟类中最大的一种，但和庞大的身形相比，安第斯神鹫的体重只有十几千克，这足以说明它并没有特别强劲的肌肉和脂肪储备。

按照科学家们的估算，如果安第斯神鹫像普通鸟类那样通过扇动翅膀飞行，那么它很快就将陷入体力不支的窘境。那么，如此瘦弱的安第斯神鹫又是如何驱动庞大的身躯飞上天空的呢？

现代研究发现，安第斯神鹫是利用气流的高手。在它生活的南美洲高原地带，白天的太阳照射让地表产生了许多上升气流，安第斯神鹫只有在起飞和降落的1%时间里会扇动翅膀，其他飞行时间里它几乎完全利用气流进行滑翔。

一只被科学家安装了观测仪器的安第斯神鹫甚至会连续飞行5小时、跨越172千米而完全不会振翅一次。原来，利用巨大的翅膀和对高空气流的敏锐运用，庞大的安第斯神鹫也可以轻盈地笑傲云端。

07. 为什么鸟类很少冬眠？

如何熬过冷酷寒冬？不同的动物有不同的应对之策。许多动物会在秋季换上厚重的羽和毛来保持体温；还有的动物则进入冬眠状态呼呼大睡以耐寒；还有许多鸟类选择以迁徙的方式暂时躲避冬日的严寒。

然而，候鸟的迁徙是场充满艰辛挑战的苦旅，许多候鸟迁徙时路途遥远，每年因劳累致死的候鸟数不胜数。那么，既然冬眠也可以解决越冬的问题，这些候鸟为什么不选择就地进行冬眠呢？

大多数鸟类不选择冬眠恐怕是出于对风险的考量。冬眠的动物大多需要储备相当多的营养，在此后的几个月里，它们的生命完全依靠这些储备营养来维持，而对于大多数体形较小的鸟类来说，它们体内的增重空间十分有限，长时间的休眠并不是一个很好的策略，它们完全有可能在休眠过程中被活活冻死。

而更大型的鸟类则根本无须考虑越冬的问题，更大的体形代表着相对较小的散热表面积，它们其实并不惧怕寒冬本身，比如丹顶鹤、天鹅这样的鸟类之所以迁徙，只是因为它们赖以觅食的水面会在冬季冻结而已。所以，只要展翅飞到不会结冰的地方越冬就可以解决问题，何必要选择沉睡几个月那么无趣呢？

08. 差点灭绝的朱鹮是怎么被挽救回来的？

朱鹮是一种美丽的稀有鸟类，被称为鸟中“东方宝石”。

1980年，日本国内的鸟类保护学者们都犯了愁：他们已经搜遍了全国的山林田野，将能找到的仅有的5只野生朱鹮全都捕获，加上之前人工饲养的一只，总共才6只。他们原本希望这6只朱鹮可以顺利在人工饲养环境下繁殖出新的后代，但事与愿违，由于没有掌握足够多的朱鹮的生存习性，最终，6只朱鹮皆因细菌感染、疾病和意外受伤而相继死亡。

朱鹮并非日本独有的鸟类，就在几百年以前，从俄罗斯到朝鲜半岛和中国，都能看到它们翱翔的身影。但由于朱鹮喜欢在稻田附近觅食，日本农民将其视为破坏水田的害鸟进行捕杀，而且随着大量农药的使用，朱鹮也受到影响，繁殖率急速下降。

1963年之后，俄罗斯再也没有见到过朱鹮的身影；1964年，中国最后一次记录到朱鹮出现；1979年，朝鲜半岛的朱鹮也消失不见。当时人们一度认为，日本仅存的朱鹮就是这个物种最后的幸存者，这6只朱鹮的死亡几乎等同于此物种的灭绝。

幸运的是，1981年，我国科学家在中国陕西一个叫姚家沟的小地方发现了7只野生朱鹮，这立刻引起全球的关注。1989年，人工繁育朱鹮获得成功。经过人们的长期努力，野生朱鹮种群数量已经超过1300多只，人工饲养朱鹮也超过了1100只，许多朱鹮还被引入到曾经的栖息地，甚至重新被引进到朝鲜半岛和日本。

09. 几百年前古人听到的鸟叫声，和今天的我们听到的一样吗？

孟浩然曾写道“处处闻啼鸟”，杜甫诗中也有“两个黄鹂鸣翠柳”的句子，古人早已远去，但今日的我们依旧能听到声声鸟鸣。鸟鸣如同穿越时空的桥梁，将我们和古人进行紧密联结，这难免会让我们感怀岁月悠悠。

不过，先让我们把忧思稍微收敛一下，思考另一个问题：现在的我们听到的鸟鸣声和古人听到的是一样的吗?

还真不一定!

尽管我们在今天也可以找到古时鸣叫的那些鸟类的声音，但这些鸟类的叫声或许已经发生了变化。而造成这一现象的原因，主要是我们人类制造了太多的噪声。

长久以来，大山雀一直是芬兰首都赫尔辛基最常见的鸟类之一。在20世纪中叶以前，大山雀的叫声有明确的节奏，它们总是分三个音节鸣唱，但在此后的几十年里，赫尔辛基的大山雀突然转变为两个音节鸣唱。

究其缘由，完全是由于赫尔辛基在第二次世界大战结束后的快速工业化和噪声污染的迅速增多。由于大山雀需要通过鸣叫和同伴交流，因此它们必须采用更短促的叫声来尽量避开噪声的干扰。

赫尔辛基距离中国有万里之遥，但发生在那里的故事，在中国也一样存在。

最近的一两百年里，工业化和城市化让人类制造的噪声越来越多，环境越来越吵闹，这其中的许多噪声是之前几千年里从未出现过的，比如，汽车的汽笛、工厂的轰鸣，这必然给通过鸣叫来沟通的鸟类带来了巨大的干扰。

诚然，我们已经无法回到古代，去将古人听到的鸟鸣和今天的鸟鸣进行对比、查明差异，但恐怕今天我们听到的鸟叫声，已经不可避免或多或少地和古人听到的不同了。

10.《乌鸦喝水》的寓言可能是真的？

成书于古希腊时期的《伊索寓言》里有一则《乌鸦喝水》的寓言，作者伊索希望借助这则寓言说明巧妙利用智慧可以化解难题的道理。以动物的故事来阐述道理，这在《伊索寓言》中十分常见。

和那些将动物拟人化的寓言不同，《乌鸦喝水》似乎不完全是虚构的。古希腊博物学家老普林尼就曾怀疑，乌鸦可能真的会通过投入石子升高水瓶中的水位来喝水。

为了解开这个谜团，2009年，科学家对秃鼻乌鸦进行了实验，虽然这些乌鸦从未受过训练，但它们真的很快就学会了使用石子来提升瓶子里水位从而喝到水的办法。

不仅如此，当科学家提供了大石子和小石子供它们选择时，秃鼻乌鸦会使用效率更高的大石子；当有石子和木块可供选择时，秃鼻乌鸦也很清楚会浮在水面的木块并不能帮助它们提升水位。

2011年和2014年，另两种乌鸦——松鸦和新喀鸦也顺利通过测试。

没想到，伊索不仅是个讲故事的高手，还是个观察动物习性的行家呀。

11. 丹顶鹤头顶的一抹红不含剧毒，它只是头秃

在东亚文化圈里，想找出一种与丹顶鹤文化地位并驾齐驱的鸟类恐怕是很困难的，这种被誉为仙鹤的鸟类，有着优雅的身形、清雅的羽色，完美契合了中国人对仙风道骨的精神寄托。在中国的神话中，仙鹤不仅本身就是长寿的象征，更是一些上仙的坐骑，以仙鹤为主题的诗句和成语数以百计，而其中几乎找不到一句是蕴含贬义的。

不过，有着仙风道骨的丹顶鹤在武侠小说中却常常扮演另一种角色，它们头顶的一抹亮红——鹤顶红，总是位列毒物的“头牌”。一直以来，人们都说鹤顶红就是由丹顶鹤头上的那块红色的“丹顶”制作而成，因此说丹顶鹤的“丹顶”含有剧毒。

然而近代的科学研究发现，丹顶鹤头顶的红色根本不是什么含毒的物质，它只是由于缺少了毛发的掩盖而裸露出的一块皮肤。没想到，清雅神圣的丹顶鹤，居然都是大秃头！

那么，真正的鹤顶红又是什么呢？其实这东西也不稀奇，它就是常常出现在毒物名单上的砒霜。和人工提炼过的那种纯白色晶体状的砒霜不同，天然生成的砒霜里常常混杂其他杂质，使它呈现出血红的色彩。可怜的丹顶鹤就这样稀里糊涂地替砒霜“背了锅”。

12. 红树林到底哪里红？

温暖的沿海滩涂往往是红树林生长的乐土，但如果你亲眼看见过红树林的葱翠，就一定会对它们的名字感到匪夷所思——这些枝繁叶茂的植物和其他的森林没有色彩上的差异，绿色才是这里的主基调，可为什么会被称作“红树林”呢？

诚然，构成红树林的植物有许多种，但乍看上去，它们没有任何一种拥有红色的外表，这是因为，它们的红色潜藏在厚厚的树皮里。如果你剥开一棵红树的树皮，不出几分钟，树木的枝条就会变得像血一般红。

红树当然不是真的在流血，它们之所以变红，是其体内的单宁（也叫“鞣酸”）在作怪。这是一类广泛存在于红树科植物体内的物质，当它和空气中的氧气直接接触时，很容易发生氧化而变为红褐色。古人早就发现了红树的这个特点，因此给它冠以这样的名称。有的时候，人们还会用它氧化后的树皮来制作红色的染料。

当然，我们大可不必为了亲眼看见红树变红而真的剥开一棵红树的树皮去看。对于海岸滩涂来说，红树林是非常重要的存在，它们不仅可以抵挡海浪对陆地的侵扰，而且也许会成为许多水鸟等生物未来生存的家园。

在今天，世界各地的红树林都面临着环境污染、栖息地被破坏的威胁，保护它们，而非伤害它们，才是我们这一代人的使命。

第四章

森林里的秘密

01. “九死还魂草”卷柏是怎么死而复生的？

植物生长必须有充足的水分供应，但世上有许多地区并不总是风调雨顺。植物为了在这种水分不足的区域生活，就演化出了各不相同的应对策略：有的植物如仙人掌和多肉植物，依靠退化了的叶或叶片上厚重的蜡质层减少水分蒸发；有的植物如红柳和骆驼刺，依靠极为发达的根系从地下十几米甚至更深处汲取宝贵的水分；还有的植物如短命菊，在雨季快速发芽、开花、结果，走过短暂的一生后，以种子的形态熬过干旱。

高度适应了干旱环境的卷柏则选择了一条截然不同的路——“死而复生”！它会在干旱少雨的时节彻底枯萎，一旦下雨，就又郁郁葱葱生长起来。正因此，卷柏在民间又有“九死还魂草”的别称。

我们知道，干旱季节如果植物汲取不到所需的水分，体内组织就会脱水死亡。卷柏之所以能“死而复生”，正是因为有体内的两种特殊物质帮助它摆脱这个厄运：其一是LEA蛋白，在卷柏脱水的过程中，细胞会不可避免地挤压受损，此时大量的LEA蛋白会填充在细胞之间，起到固定和缓冲细胞的作用；其二是海藻糖，在卷柏失去水分的时候，细胞膜外的水膜变小，挺身而出的海藻糖用自己替代了水膜的作用，维持了细胞膜的稳定。在LEA蛋白和海藻糖的共同作用下，即便是在脱水干枯的状态下，卷柏依旧能保持细胞结构的完整并维持最基本的活力。一旦环境改善，苦苦支撑的细胞可以全力运转，整个植株迅速恢复正常工作。这就是卷柏可以“死而复生”的主要原因。

02. 一点就着！特别容易引发森林火灾的桉树究竟是怎么演化出这种特性的？

在澳大利亚的森林里，桉树是真正的主角。在偌大的森林中，桉树的量独占了其中的七成。和考拉、袋鼠相比，似乎桉树更有资格成为澳大利亚生物的代表。

澳大利亚的森林里，山火是常客。从古老地层里发现的灰烬证据表明，早在人类登陆澳大利亚之前，山火就已经年复一年地在这里肆虐，而在最近十几年里，澳大利亚每年的山火爆发数量都能达到几百起。

草木可以燃烧，火焰能杀死植物的活性细胞，但面对火焰，桉树却怡然自得。许多植物会长出厚重的树皮来抵抗火势，或通过饱含水分的叶片避免自燃，而桉树却似乎完美地避开了这些“防火天赋点”，反而学会了“引火上身”的天赋。

它们释放的挥发性气体成了火焰快速向树冠和周边蔓延的高速公路，一旦桉树林起火，火热很容易极其快速地扩散，对此，甚至许多常见的森林防火方式都不管用——仅仅是余烬的飞灰飘落到桉树林里，都很有可能在挥发性油脂的帮助下再次起燃。

助长火势，其实正是对桉树最有利的局面。和其他树一样，桉树也有阻挡烈焰的树皮，但在桉树的树皮下面，还有一些休眠中的芽，而唤醒这些芽的条件，就是外界的高温灼烧。

当森林大火席卷一切后，快速萌发的休眠芽让桉树可以第一时间占据“灾后重建”的有利地位，桉树可以充分地利用灼烧后的草木灰营养，最早抢占林地里宝贵的阳光。还有一些桉树的种子必须在大火后才会被释放，也是基于同样的原理。

也就是说，桉树的易燃其实是一种演化上的策略，虽然自己也难免在火灾中受损，但自损八百换来的却是彻底消除森林中的竞争对手。一些研究表明，每当发生一次森林火灾，澳大利亚森林中的桉树占比就变得更强势一些。

木与火原本难以兼容，但桉树凭借独特的演化技巧，居然成为火灾的最大受益者。

03. 看上去十几米高的竹子，居然是株草？

树和草到底有什么区别？我们习惯用高度上的明显不同来区分两者。你看，常见的马齿苋矮趴趴地贴着地面，狗尾巴草和蒲公英也不过十几厘米高，而随便一棵大树就动辄十几米，澳大利亚杏仁桉树甚至能达到156米高的巅峰。如此显著的不同，还不足以在树和草之间划下一道鲜明的区分线吗？

的确，以高度来划分也曾是科学界判断“树”的标准，但对于具体长到多高才算是树，却一直没有明确的定义。比如一些树形仙人掌几乎能长到15米高，这一数值已经超过许多典型的树，但仙人掌确实不太符合“树”的定义。

为了解决这个尴尬，对“树”的界定又有了新的要求，即它必须拥有木质树干，而且树干还要有不断增粗的二次生长能力，也就是说，除了能长得高，还得长得越来越粗才行。这种区分标准把没有木质树干的仙人掌排除在外，却也带来了新的问题：长得极高，也一直被人们视作树的竹子，其主干在成年后会停止增粗，难道竹子也不算树吗？

科学家们还真的没有冤枉竹子，因为从分类学上来说，竹子是禾本科植物，和小麦、水稻其实是一家子。更有趣的是，竹子和水稻还可以杂交，产生的杂交种竹稻不仅口味不错，还拥有很强的抗倒伏能力。禾本科的成员里绝大多数都是典型的“草”，从这个角度看，哪怕竹子能长到十几米甚至几十米的高度，也难以摆脱“草”的属性。

04. 明明城市里到处都是，银杏为什么还是濒危物种？

中国许多名寺古刹的庭院都栽种着有千年树龄的银杏，在许多城市的马路两侧，秋季飘落的金黄银杏叶也是一道亮丽的风景，而银杏的果实——白果，更是可以轻易地在超市买到。或许是太过常见，我们印象中的银杏并无特殊之处，但奇怪的是，如果你翻看世界自然保护联盟（IUCN）出版的濒危物种红色名录，就会赫然发现，银杏居然是一种濒危生物。

这多少超出了我们的认识。濒危生物难道不应该是像朱鹮一样稀少吗？为什么被栽种在马路两侧的银杏如此常见，却也会被列为濒危物种呢?

要厘清银杏的故事，我们恐怕要回溯到古老的二叠纪。与我们熟悉的绝大多数植物不同，银杏属于一种更古老的植物门类——裸子植物。大约3亿年前，银杏和它的近亲们在世界各地扎根，共同构建了古老森林最初的样貌。但在距今1.4亿年前，新型的被子植物（也就是今天的绝大多数植物）出现，不断地挤压裸子植物的生存空间，曾经数量庞大的裸子植物不断萎缩。

屋漏偏逢连夜雨，距今6500万年前的浩劫不仅灭绝了恐龙，也几乎荡平了所有高大的树木，不幸的是，银杏正是当时最高大的树木之一。

此后的几千万年里，地球温度不断周期性浮动，每当冰期降临，都有大片银杏树被冻死。只有一些地形复杂的山谷地带可以维持足够温暖的小气候，我国浙江的天目山地区，也就成为世界上最后一批野生银杏的避难所。

实际上，我们今天所见到的所有银杏——不管是千年古刹中的，还是栽种在马路边的，甚至生长在欧洲、北美的花园里的，都是人们从天目山残存的野生银杏繁育而来的人工栽种个体，而真正的野生银杏种群，还是只有天目山中的几百棵而已。

更加值得注意的是，仅存的野生银杏栖息地也正在遭受各种威胁，将银杏列为濒危生物，是人们为挽救这种古老植物最后的野生余脉所做的努力之一。

看似常见的银杏竟然是濒危物种

05. 绿化带的松柏，为什么有的叶子圆润，有的叶子像针？

你有没有被绿化带里的松柏扎到过？这些矮小的植株其貌不扬，但锐利的叶子却张牙舞爪，非常唬人。

相比而言，总是生长在它附近的“另一种”松柏就亲和得多，它的叶子像鳞片一样团团聚拢，无论如何轻抚，也绝不会扎到我们的指头。

那为什么人们要栽种这种扎人的松柏？为什么两种松柏总是形影不离呢？

答案非常简单，它们原本就是同一种植物——圆柏，会刺痛你的尖锐叶子和那些圆润的叶子，很可能就长在同一棵松柏树上！

两种截然不同的叶子出现在同一种植物上，被称为“二型叶”。在圆柏身上，尖锐的叶片叫作刺叶，越是幼年的圆柏身上，刺叶也就越多；鳞片状的叫作鳞叶，成熟的圆柏植株主要由这类叶片组成。如果一株圆柏恰好处于青壮年时期，它就可能既有刺叶又有鳞叶。

作为一种历史悠久的栽培植物，圆柏还被人为地选育出一些变种，最常见的就是另一种绿化带植物——比圆柏更高大的龙柏。有趣的是，龙柏已经彻底失去了鳞叶，哪怕是老年的龙柏，也长满了刺叶。

圆柏的刺叶让人生厌，但和它的另一个“麻烦”相比，这些小叶片还算不了什么。是什么“麻烦”呢？不同于主要依靠昆虫传粉的开花植物，圆柏主要依靠风的力量传播花粉。它们的花粉更多、更小，也更容易弥漫到空气中，每年三四月份圆柏传粉的时候，大量种植圆柏的北方城市空气里总是容易发现圆柏花粉的身影，圆柏也一跃成为我国许多地区花粉过敏症的“罪魁祸首”。

看来，想要亲近这些随处可见的常绿植物，除了要小心它们肉眼可见的尖刺叶片外，还要戴好口罩，提防它“看不见的那根刺”哦！

一样叫“松柏”，有的叶子圆润，有的叶子像针

06. 想穿花衣服，植物有妙招

衣服最基本的功能是御寒和保护身体，除此之外，它还被赋予了个性和时尚的内涵，而不同的色彩正是这种内涵的载体。今天的各种化学染料已经让我们的穿着更为多彩，不过，在漫长的历史时期里，如何给朴素的布料染色却一直是个难题。古人想要穿得出彩，一直离不开植物们的帮助。

很久之前，人们就已经发现许多植物体内含有色素，含有靛蓝的植物蓼蓝古时候就已经被大量种植。把它的叶片碾碎后用水浸泡就能得到浅蓝色的溶液，布料浸入溶液后再晾干，就会呈现出迷人的青蓝色。“青出于蓝而胜于蓝”这句话，讲的就是从颜色较浅的蓼蓝汁液里染出青蓝色布料的过程。芳香扑鼻的栀子花长期以来也是作为染料植物被使用的，不过，人们并不是为了获取它花朵的纯净白色，而是用它的果实“栀子”里富含的类胡萝卜素来染黄布。

能用来染色的植物很多，而用来染紫色的紫草是最珍贵的一种。鲜活的紫草身上并没有半点紫色，它的叶片翠绿，根部是红色的，但正是红色根部富含的紫草醌为染出艳丽的紫色提供了可能。

紫布的染色过程非常复杂，紫草根能压榨出的汁液又非常少，更重要的是，这种色彩染在不同布料上的效果相差很大，如果给亚麻染色会黯淡无光，只有给昂贵的丝绸染色，才能达到最鲜亮的效果。因此，紫色的布料一直身价不菲，一匹紫色丝绸的价格甚至是普通丝绸的5倍。

07. 孙悟空的“克隆”本事，这棵杨树也有！

齐天大圣孙悟空最炫酷的技能，莫过于从头上拔出几根毛，便能变幻出许多分身。现实中的猴子当然没有这样的本领，而即便是被砍成两半后能变成两个个体的蚯蚓，也不能无限分身。不过，生活在北美洲的一棵杨树却在很大程度上做到了这一点。

在美国犹他州的瓦沙山脉南部的鱼湖畔生长着一片茂盛的颤杨。乍看起来，这片43公顷的杨树林没有什么出众之处，但如果掘开树林下的土层，你就能发现一丝诡异——这里每一棵树的根系都连在一起，47000棵颤杨如同连体婴儿一般紧密地结合在一起！

没错，你放眼望去的每一棵看似独立的颤杨，其实都来自同一个源头。最初，一粒种子萌发出的杨树苗，在此后的漫长岁月里，不断地无性繁殖。每一株从它身边冒出的新树苗，本质上都是最初那棵颤杨的克隆体。

一般来说，颤杨的平均寿命不过100多年，最早的那棵颤杨可能早已死亡，但通过不断地克隆，它的生命也一直在无穷无尽地延续着。

科学家估算，这片颤杨森林很可能已经存在了80000年，还有的认为，它的寿命之长可能要远超这个数字。只要周边的环境足够适合，颤杨的自我克隆就不会停歇。它的寿命究竟能延续多久？很可能是时间的尽头。

08. 氧是生命之源，氧也让地球“感冒”

我们知道，氧是今天绝大多数生命活动中必不可少的气体元素。植物叶片中的叶绿素可以以阳光为能量，以水和二氧化碳为原料生产氧气，正因此，森林一直被我们赞誉为“世界氧库”。

不过，在地球出现生命活动的最初几亿年里，氧还是个稀罕物。当时的地球大气中不仅没有氧气，生物也不需要氧来呼吸，甚至对氧还十分厌恶，它们被统称为“厌氧生物”。

直到距今30亿～27亿年左右，一类叫作蓝细菌的古老生物开始利用光合作用生产氧气。此后的10亿年里，氧气不断在大气和海洋中积累，厌氧的细菌由此步步萎缩，而能产生氧的蓝细菌，以及后来的绿色植物，成了当时最主要的生命形式。

不过，大气中的氧气并不是越多越好，光合作用虽产生氧气，却也不断消耗空气中的温室气体——二氧化碳。碳被固定在植物枝干中的木质素里，而在当时，地球上还没有足够的力量将这些碳重新释放出来，大气中的氧气和二氧化碳含量逐渐失衡。缺少了二氧化碳的保温作用，地球气温持续下降，最终产生了一场剧烈的气候变化——从极地到赤道，地球全部被冰雪覆盖。如果从太空中俯瞰，当时的地球就如同一枚雪球，让地球看起来像感冒了一样。

氧是生命之源，但由氧气—二氧化碳比例不断失衡导致的雪球地球（即全球冰冻现象）变化，差一点彻底扼杀了地球的生命进程。

09. 小小木耳，居然是拯救地球的救星

上一节中我们讲道，由于蓝细菌和植物不断地进行光合作用，空气中用于保温的二氧化碳比例不断下降，大气层保温能力极差，地球也因此陷入全面寒冬。而要扭转这一危机，就必须释放那些被固定在植物枝干木质素里的碳，让大气中的氧气和二氧化碳重归平衡。

不过，植物的木质素很难被分解，当时的细菌、真菌普遍没有这样的能力。这些木质素持续不断地被泥土掩埋，我们今天燃烧的大量煤炭，基本都是由那个时期堆积如山的植物木质素转变而成的。

如果按照那个形势发展，地球大气中的二氧化碳就会越来越少，地球气温也会持续冰寒。在危急时刻，一类能分解木质素的真菌——木耳终于出现，它几乎以一己之力解除了这场危机。

在今天，木耳和银耳是我们餐桌上常见的食材，但它们所属的木腐菌大家庭，正是雪球地球时代生命的大救星。演化出分解木质素能力的木腐菌开始以堆积的植物木质素为食，被固定在木质素中的碳重新被释放进大气中，二氧化碳和氧气也重新归于平衡。有了二氧化碳的保温，地球温度变得再次适宜生命繁衍，而有了蓝细菌和植物释放的氧气，以氧为呼吸来源的新生命也逐渐替代了厌氧的古菌，成了此后主要的生命形式。

看来，我们真应该感谢木耳啊！

10. 海带是植物吗？

在今天的中学课本里，海带被列为植物的一种。这也难怪，海带能进行光合作用，身体结构也和其他植物一样由叶、茎、根组成。

在相当长的一段时间里，人们都是通过这种形态上的相似来区分一个生物具体属于哪个大家庭的，所以在早期的科学分类中，海带以及其他所有藻类都因为可以进行光合作用而被列为植物的一类。

但科学家其实很早就发现了海带和典型的植物有着许多不同，它们虽然也能进行光合作用，但它的光合作用和植物根本不是一回事。现代的基因溯源技术告诉我们，动植物来自同一个祖先——单细胞的原始绿色鞭毛生物，后来分别演化成了两类生物，其中的一种单鞭毛生物演化成了动物，而双鞭毛生物则演化成了植物。

而看似像植物的海带，其实和我们人类一样，是一种单鞭毛生物，也就是说，它们和动物的关系比和植物更为亲近。

可是，为什么不是植物的海带却能像植物一样进行光合作用呢？其实，这是一种共生的结果。

植物体内的叶绿素也不是植物自己演化而来的，最早能进行光合作用的生物其实是一种细菌——蓝细菌。一些蓝细菌进入植物体内共生后，逐渐演变成植物身体的一部分，也就是叶绿体。而一种能进行光合作用的植物又进入了海带体内共生，并最终成为海带身体的一部分。

海带的根也和植物完全不同，它们并不依靠根吸收营养，只是用根抓握住海底的石头而已。

实际上，人类对生物的分类，也早已不是只有动物和植物这两类了。

除了动物和植物之外，今天的生物分类还把其他生物分为变形虫类、古虫类、有孔虫类、不等鞭毛类和囊泡虫类，而对于大多数人都吃过也见过的海带具体应该算作哪种生物，其实并没有定论，还需要进一步的研究来确定。

海带看上去像植物，实际上是一种更像动物的生物

11. 吃了几十年，科学家今天才发现金针菇身上有个大乌龙

今天的世界上还有新物种吗？当然，在那些人迹罕至的雨林和深海里，不为人知的物种肯定很多。可如果有人告诉你，哪怕是在我们餐桌上最常见的物种，我们或许也曾不识其庐山真面目。对此，你是否会感到诧异呢？

这则新奇故事的主角正是金针菇。在之前的80多年里，长着细长菌柄、小小菌盖的金针菇一直被认为是毛腿冬菇的驯化品种。这是由于两者都喜欢低温，都在冬季生长。但奇怪的是，最早栽培金针菇的国家是位于东亚的中国和日本，而毛腿冬菇的分布区域则远在欧洲。东亚人为什么会选择一种如此遥远的蘑菇进行驯化呢？为什么除了喜欢低温这个共同点之外，野生的毛腿冬菇和金针菇的外表看起来却如此不同呢？

直到2018年，中国科学家才最终揭开金针菇身上的谜团：通过基因层面的研究，人们发现金针菇和毛腿冬菇其实毫无关系，金针菇的祖先应当是一种亚洲的冬菇。

可惜的是，由于森林开发导致的栖息地破坏，金针菇的真正野生祖先一直没能被找到。

12. 平菇和杏鲍菇居然是一回事？

在十几年前，菜市场上的蘑菇种类还没有今天这么丰富，价格低廉的平菇是老百姓日常接触最多的一种。今天的我们选择面已经大大增加，个大肚圆的杏鲍菇，成了人们餐桌上的常客。

从外观上看，平菇和杏鲍菇截然不同，平菇可食用的主要部分是它灰色的菌盖，而杏鲍菇的菌盖长什么样子，恐怕大多数人都没见过，因为它们通常只出售肥厚的菌柄。也正是因为这个原因，杏鲍菇和平菇之间的联系一直被人们忽略，但其实平菇和杏鲍菇本是同根生。

我们所说的平菇其实并不是某一种蘑菇的专有名，蘑菇家族的侧耳属中，有多种形状相似的栽培食用蘑菇，都被冠以“平菇”的称号。菜市场中最常见的平菇至少有糙皮侧耳菇、白灵侧耳菇等。

有趣的是，杏鲍菇正是其中一种平菇——刺芹侧耳菇的别称。野生状态下，刺芹侧耳菇必须寄生在一种植物——野刺芹的根部才能生长，而在人工培育状态下，刺芹侧耳菇的菌柄可以极度膨大，它原本用来食用的菌盖部分反倒失去了价值。人们把容易腐败的菌盖切下后，将刺芹侧耳菇的菌柄冠以“杏鲍菇”的商品名而单独出售，以往平菇菌盖独有的那种土腥味在杏鲍菇菌柄里也完全消失了，即便是最挑剔的老饕，恐怕也尝不出它们和平菇之间的相似之处了。

13. 雨后清新的泥土味，其实是放线菌的“体香”

细雨弥漫之后，芬芳的泥土气息令人陶醉，漫步其中，身心也能全然放松。可奇怪的是，泥土明明天天都在这里，为什么平常却闻不到它的芬芳味道呢？难道藏在泥土里的香气，只有在雨后才能被激发出来吗？

其实，所谓的“泥土味”和泥土本身并没有关系，令人愉悦的气息是由土壤里不计其数的微生物——放线菌产生的。雨水充足时，放线菌会快速生长并产生用来繁殖的孢子，但由于孢子实在太小，放线菌无法借助蜜蜂等昆虫的帮助完成传播；很多孢子又被掩埋在土壤下，用风来传播孢子也很不实际。无奈之下，放线菌只能借助其他生活在土壤中的小型生物的力量。

跳虫正是放线菌的好帮手，这些低等昆虫的体形只有一两毫米，放线菌正是它们最主要的食物来源。为了吸引跳虫找到自己所在的位置，在雨后产生孢子的黄金时段，放线菌会同时释放大量的挥发性芳香物质，这些物种可以有效地刺激跳虫的感觉器官——触角。循香而来的跳虫大快朵颐放线菌的同时，身上也沾满了它们的孢子，当跳虫移动到其他地方觅食时，孢子就顺利地完成了传播。

如此看来，雨后的泥土本来无味，放线菌才是芬芳的来源。同样的误会在日常生活中还有许多。比如我们在响晴薄日下晾晒衣被，衣被上也会产生好闻的“太阳味”。这当然不是太阳的味道，而是衣被上的纤维被太阳光里的紫外线照射后产生的味道。

14. 在这株蘑菇面前，蓝鲸只是小不点儿

游弋在大洋中的蓝鲸是动物世界当之无愧的巨无霸，最大的蓝鲸有30多米长，体重达100多吨，哪怕是陆地上的非洲象或早已灭绝的恐龙，都无法撼动蓝鲸的霸主地位。

但如此巨大的蓝鲸，远非当今世界最大的生物个体。植物界还有许多体态更磅礴的树木，生长在美国加利福尼亚的巨型水杉“雪曼将军树”足有80多米高，底部直径达11米，按此估算，它的体重恐怕早就超过2000吨了。

不过，雪曼将军树也无法稳坐世界第一大生物的宝座，位于美国俄勒冈州的一株蘑菇，才是这一称号的所有者。

蘑菇能有多大？确实，迄今为止，人们发现的最大的一株独立蘑菇不过20千克左右，而生长在美国俄勒冈马卢尔国家森林里的蜜环菌，看起来不过拳头大小。但我们看到的“一株”蘑菇，可能还不是它的全貌——当地科学家发现，这片森林方圆960公顷范围内数以十万计的蜜环菌都由同一个菌丝链接。和我们前边提到的那片不断自我克隆的颤杨不同，这些蘑菇全都属于同一个个体，将土壤表面的菌盖和土壤下潜藏的菌丝加起来，这株蘑菇的总重量最少也有3.5万吨。和它相比，蓝鲸只是个小不点儿罢了。

第五章

小虫子的大惊奇

01. 花蜜越甜，蜜蜂越喜欢吗？

“像蜜一样甜！”我们总是这样形容生活的美好，而不管是生活还是花蜜，我们也总希望它能更纯粹、甘甜一些。

花蜜不是人类独享的美食，对于生产它的蜜蜂来说，花蜜的作用才更为重要。在分工明确的蜂群里，辛勤的工蜂负责在花丛中飞舞采蜜，并把来自许多花朵的花蜜积攒起来带回蜂巢。花蜜中的糖分为所有蜜蜂提供了能量，在我们看来只是一种甜味调料的花蜜，却是蜜蜂的主要食粮。

既然蜜蜂依靠花蜜中的糖分生活，那么糖分更高、更甜的花蜜，是不是就更受蜜蜂们欢迎呢？

还真不是。来自英国的科学家研究发现，如果给蜜蜂提供多种来自不同花朵、含糖量也不相同的花蜜时，它们更喜欢甜度在六成左右的花蜜。哪怕在这朵花的旁边就有一种甜度更高的花蜜，蜜蜂们也会视而不见。

这是怎么回事呢？原来，这和蜜蜂采集加工蜂蜜的方式息息相关。当发现一朵花里有蜜时，工蜂会先把蜂蜜吸进肚子中的“蜜胃”里。在这个小小的蜜胃里，蜜蜂通过分泌酶把花蜜中的蔗糖发酵成更容易吸收的葡萄糖和果糖。等它们回到蜂巢后，工蜂又会把这些蜂蜜吐出来。而糖分越高的花蜜越黏稠，发酵过程就越长，而且工蜂把它们吸进肚子里和吐出来的过程也会相应加长。六成甜度的花蜜，可以让工蜂们以最高效率收集到最多蜂蜜，可谓最优选择。

02. 蝗灾几十、上百年才发生一次，那酿成蝗灾的蝗虫平时都在哪儿呢？

就在100多年前，科学家们还在为蝗灾的成因感到困惑：这些遮天蔽日的害虫似乎是突然之间出现的。它们拥有粉色或黄色的外观，又特别喜欢在白天成群结队地活动。而在蝗灾结束之后，你却再也找不到任何一只这样的蝗虫——平常的蝗虫外貌是土灰色的，它们惧怕阳光，甚至很少和同类接触，这显然和导致蝗灾的蝗虫明显不同。

1920年，科学家鲍里斯发现，尽管形成蝗灾的蝗虫和普通蝗虫在样貌、习性上截然不同，但它们确实是同一种昆虫。蝗灾并不是由一种新蝗虫造成的，而是这些普通蝗虫受到了某种刺激，发生了翻天覆地的“蜕变”导致的。

在正常的年份里，其貌不扬的蝗虫总是趴在自己的一亩三分地上啃食青草。一旦发生了洪涝灾害或干旱，地面上的青草就会急剧减少，这些蝗虫就不得不聚集到仅剩的草丛上。越来越少的植被无法维持如此庞大的虫群生存，迁徙成了决定族群存活的关键。

但漫长的迁徙显然并非势单力薄的某一只蝗虫所能应对的，它们必须形成一个数量足够庞大又紧密的集群，以便在经过长途飞行的能量损耗之后，还能保留足够维持族群繁衍的规模。

孤立的蝗虫亟待一场习性上的转变，而开启变革的秘密就藏在它们的大腿上。大量蝗虫拥挤在一起，互相摩擦碰撞的动作刺激了它们大腿上的一条特殊神经。这条神经让蝗虫体内大量分泌聚集信息素。

在这种信息素的刺激下，原本胆小又不合群的蝗虫会瞬间改变习性，变成大量的群体活动，蝗灾便由此产生了。

开启了这场蜕变后，蝗虫不再是一个体重只有2.5克的个体了，它们共同组成的“集团”成为世界上最澎湃的力量之一。

尽管自身的飞行能力并不出色，但蝗群和风的偶然结合却可以将征途拓展到令人咂舌的地步：1954年，北非西部的蝗群曾一路蔓延到英国；1988年，萨赫勒（非洲北部撒哈拉沙漠和中部苏丹草原地区之间的一条超过3800千米长的地带）的蝗群只用了5天就跨越了大西洋，出人意料地出现在5600千米之外的加勒比海岛上空。

毋庸置疑，今天的我们已经具备许多迎战蝗灾的手段。但我们也不得不承认，蝗灾的形成其实反映的是某个地区生态的稳定发生了变化，只有解决了这个问题，才能彻底消除蝗灾的隐患。

03. 那么多科学家研究了几百年，怎么新被发现的昆虫种类还有那么多？

世界上到底有多少种昆虫？哪怕是最资深的昆虫研究学者，也很难给你准确的答案。

在今天，科学家们已经发现了至少100万种（暂时被大家公认的数据）昆虫，但他们也都相信，没有被人们发现的昆虫肯定还有很多。

仔细地研究某个物种，对它进行科学的描述，再给它取一个独一无二的学名，这就是新物种的发现过程。

这样的工作，人类已经进行了几百年。即便如此，地球上依旧有很多新物种还没有被我们发现，对于数量众多又很难被人们注意到的昆虫来说更是如此。

在2013年，德国科学家团队到印度尼西亚考察，他们一次性就发现了199种象鼻虫新种；在中国，有一位青年昆虫学者只是在晚饭后去自家后山上闲逛，就无意中发现了十几种从来没被科学家们命名过的昆虫新种。

甚至还有许多昆虫，当科学家“发现”了它们的时候，它们可能已经灭绝或快要灭绝了。

1977年，奥地利昆虫学家从自己年轻时收集的昆虫标本里发现了一种昆虫，是从未被人命名过的新种。他回忆起这只小虫是40年前从莱茵河沿岸捕捉到的。他想深入研究一下，但40年时间过去了，莱茵河两岸污染严重，这种昆虫早已灭绝。

为什么有这么多昆虫还没有被发现呢？这可能和大多数昆虫分布区域的狭窄有关。苍蝇、蚊子这样的昆虫遍布全世界，但绝大多数的昆虫其实只生活在很小的一片区域。

在非洲的几内亚发现的一种蟑螂只生活在一座35米长的山洞里，全世界再也没有其他地方有这个物种存在。

而这样的昆虫还有很多，如果它们恰好只生活在某片无人区的原始林地，当然很难被科学家们观察到并命名了。

04. 楼房有几十层高，小小的蚊子是怎么飞上去的？

几年之前，我把家从3层搬到了30层。那时的我天真地以为，以后再也不用为夏天恼人的蚊子发愁了。米粒大小的蚊子弱不禁风，怎么可能飞到这么高的地方叮咬我呢？

但事实大大出乎我的意料，在我放心大胆地打开纱窗吹拂晚风的当天，我就被成群的蚊子咬得浑身是包。

奇怪，这么高的楼房，蚊子是怎么上来的呢？

除了我之外，很多科学家也在研究这个问题。他们发现，蚊子虽然体格弱小，但完全可以飞到几百米的高度，在某些时候，在200多米高空处的蚊子甚至比地面还要多。而我家所处的30层楼大约只有100米高，显然难不住这些小家伙。如果借助风的力量，蚊子还能轻松飞到更高的高度。耸立在阿联酋迪拜的哈利法塔是现今世界上最高的建筑，在它800多米高的楼顶处，居然也发现了蚊子的身影。

原来，出现在高楼上的蚊子，有很多不是从地面直接飞上去的。一些蚊子可以藏在电梯里，不费吹灰之力地爬上高楼；还有的蚊子会在高楼上的水槽、水池里产卵，只需要一两周的时间，这些“高楼蚊子”就能从卵变成“咬人小能手”；还有的蚊子是被风送上去的。所以，哪怕你和我一样住在高楼上，也要做好蚊虫防护，及时清理家里的水槽、水池哦。

05. 蚊子那么讨人厌，为什么中国科学家还要成立“蚊子工厂”大量繁殖蚊子呢？

蚊子的危害可不仅仅是嗡嗡作响，让人不能好好休息，或叮咬起包让人瘙痒难耐这么简单，这些小飞虫还是传播疾病的恶魔。

根据科学家统计，每年因感染被蚊子传播的疾病而死去的人，远比被凶猛野兽袭击或战火肆虐而殒命的人要多得多。

科学家们一直在寻找对付蚊子的办法，除了使用高效环保的杀虫剂之外，我国中山大学的研究团队开发出一种新办法：在广东省的一个岛，他们开始投放公蚊子，每周达500万只。

等等！不是要对付蚊子吗？怎么科学家们还要投放这么多蚊子？

别着急，科学家们这么做当然是有道理的。咬人吸血的蚊子通常都是雌性，而公蚊子依靠植物的汁液生活。

被科学家们释放的公蚊子和正常公蚊子不同，这些蚊子都被人为地感染上了一种叫作“沃尔巴克氏体”的寄生菌。

这种寄生菌寄生在蚊子体内后，会直接影响蚊子的生殖——只有雌雄蚊子都感染了同样的沃尔巴克氏体（或者两只都没有感染沃尔巴克氏体），它们的虫卵才能孵化；如果只有一方感染了沃尔巴克氏体而另一方没有，它们的虫卵就无法孵化出后代。

野生的蚊子很难感染沃尔巴克氏体，而“蚊子工厂”通过人工方式把沃尔巴克氏体注射到蚊子卵中，让人工繁育的蚊子感染沃尔巴克氏体。

也就是说，让来自“蚊子工厂”的公蚊子和野生的母蚊子交配，目的是让它们无法产生后代，从而减少蚊子的数量。

更绝的是，当地的雌性白纹伊蚊一辈子只会交配一次，只要人们释放足够多的感染了沃尔巴克氏体的公蚊子，就可以从野生的公蚊子手中夺取母蚊子的生育权，从而减少野生白纹伊蚊虫卵的孵化率，这样就可以达到减少野生蚊子数量的目的了。

让人工繁育的蚊子感染沃尔巴克氏体，使其后代无法生育，从而减少蚊子的数量

06. 想不到吧，螳螂、白蚁，都是蟑螂的好兄弟

提到蟑螂，你会想起什么？那些躲在角落里鬼鬼祟祟的讨厌的虫子吗？在今天，至少有4种蟑螂——德国小蠊、美洲大蠊、澳洲大蠊和东方蜚蠊广泛地分布在人类家里，其中，中国的南方最常见的是美洲大蠊，北方地区则更容易见到德国小蠊。

不过，蟑螂家族可不是只有这4种，它的数量、种类要远比我们想象的庞大得多。我们今天所说的蟑螂其实是整个蜚蠊目的统称，而蜚蠊目下拥有名号的正牌蟑螂早就有至少4500种了。

除了这几种喜欢生活在人类房屋里的蟑螂之外，绝大多数蟑螂更喜欢栖息在野外：在热带雨林里，蟑螂是重要的分解者；在炎热的沙漠中，有些蟑螂在顽强地生存；有的蟑螂已经适应了水生环境，甚至可以潜到水底寻找食物；就连寒冷的北极圈，也有野生蟑螂的身影。

而除了这4500种蟑螂之外，在2007年时，由3000多个种类组成的白蚁大家族经过科学家研究后，也被认定为蟑螂大家族的新成员。

科学家们发现，蟑螂和白蚁原本是同一个祖先演化而来的，吃木头的白蚁只是一类饮食习惯高度特化的蟑螂而已。

这还不算完，随着研究的深入，科学家建议把另一个目也并入蜚蠊目（蟑螂）里，这就是包含2400多个物种的虫界“杀手营”——螳螂目。

科学家们发现，虽然今天的大多数蟑螂很少主动捕食活物，但侏罗纪时期的肉食蟑螂还很常见。主要以肉食为生的螳螂，正是在那个时期分化出来的，所以从某种意义上说，它们也可以被视为一类专门吃肉的蟑螂。

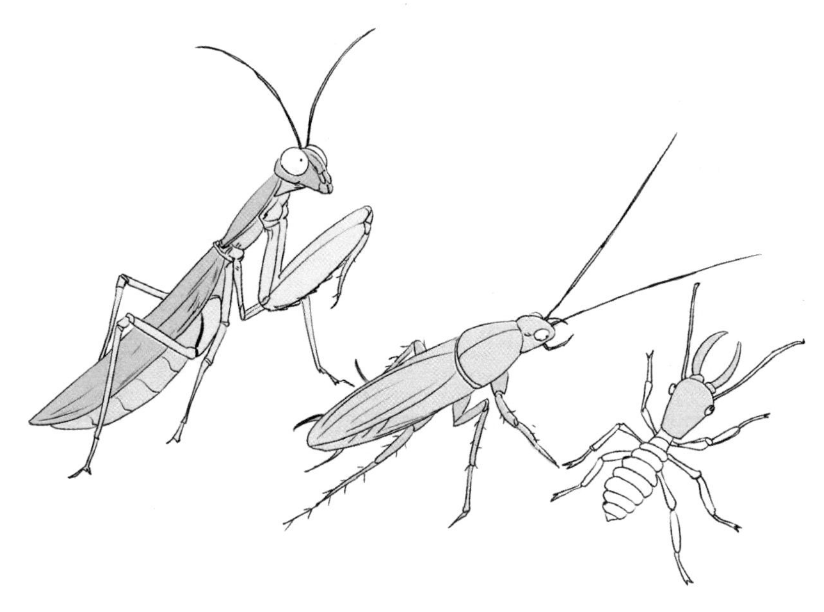

螳螂、白蚁和蟑螂都属于“蜚蠊目”大家族的成员

07. 什么？蟑螂也会灭绝？

在我们的印象里，蟑螂俨然是一副“打不死”的形象：它们什么都能吃，从纸张、皮革、食物残渣到同伴的尸体；它们东躲西藏，墙缝、柜底、下水道里都能找到它们的身影；它们繁殖能力惊人，一只雌性蟑螂每个季度能产出约50个后代，只用一年的时间，它和它的后代就能繁殖出拥有10万只蟑螂的庞大种群。

消灭蟑螂很麻烦，你能用拖鞋拍死一只蟑螂，却很难把家里的蟑螂一网打尽。即便用高效杀虫剂，日积月累，蟑螂也能慢慢产生抗药性后卷土重来。

如果这时有人告诉你，蟑螂也不都是这么顽强，有一些蟑螂甚至差点灭绝了，你会相信吗？

故事发生在非洲国家几内亚。在几内亚的西曼多阿山脉，有一座再寻常不过的山洞。千百年来，巨大的果蝠栖息于此，每个夜晚，它们都成群结队地外出寻找植物的鲜嫩果实和花蕾，而当破晓时分来临，它们又会回到隐蔽的洞穴歇息。

当饱餐一顿的果蝠回到自己的洞穴后，自然要消化美食并排出粪便，而在洞穴底部厚厚的粪堆里，正趴着一种特殊的蟑螂——西芒杜蜚蠊。

蝙蝠的粪便是西芒杜蜚蠊天然的美食。由于洞穴里食物充足又缺乏天敌，它们从来到这里后就再也没想过离开。这也导致它们和附近其他蟑螂产生了分化，演化为一个独立的物种，而这个物种唯一的野外栖息地，就是这座长度只有35米的洞穴。

近些年来，几内亚陆续发现了丰富的铁矿资源，世界各国的矿业巨头云集于此，为这个贫困的国家带来了发展的动力，但对于西芒杜蜚蠊来说，这似乎是物种毁灭的开端。然而，当这座小小的洞穴即将被毁灭时，一些昆虫学家发现了西芒杜蜚蠊的存在。当然，那座山洞最终被推土机填平了，西芒杜蜚蠊在野外已经灭绝。

幸运的是，人们找到了人工饲养和繁殖它们的办法，在一些昆虫爱好者手中，西芒杜蜚蠊的种群被最终保存下来。

08. 为什么被蚊子咬了之后会那么痒？

你有没有过那种被蚊子叮咬后瘙痒难耐的经历呢？这些可恶的蚊子，不仅嗡嗡乱叫不让人好好休息，还吸人血，留下一个让人痒痒的大包。

被蚊子叮咬后皮肤会起包、瘙痒，其实和我们人类自身的关系更大。

我们都知道，蚊子吸食血液是为了获取其中的营养。但我们的血液是流淌在血管中的，而挡在蚊子和人类血管之间的，还有坚韧的皮肤。

为了喝到血，蚊子可是大费周章，它们的嘴巴由6根针组成，其中最外侧的两根带有锯齿，可以切开我们的皮肤，还有两根可以探进皮肤寻找血管，确定血管位置后，用来吸血的一根针开始“工作”，另一根则不断向血液内注射唾液。

这种唾液有舒张血管、加速血液流动和抗凝血的作用，让蚊子吸起血来更为顺利。最后，这只小“吸血鬼”带着比自己体重重3倍的血液扬长而去。

蚊子酒足饭饱了，我们的麻烦可远没结束。蚊子把唾液注入我们体内，会引起体内免疫系统的反应，释放出一种叫作“组胺”的物质来对抗外来物质。这种免疫反应会引起叮咬部位的过敏反应，肿胀的大包和瘙痒便随之而来。

哦，原来瘙痒的直接原因是我们的免疫系统造成的啊！那么免疫系统为什么要这么做呢？

这其实是免疫系统对人体的保护作用。其实，被蚊子吸走的血液很少，一般不会产生什么危害，真正的威胁是那些随着蚊子唾液进入体内的病原体。要知道，蚊子是包括疟疾、登革热、寨卡病毒在内的许多重要病原体的传播媒介。

蚊子通过传播病毒导致的死亡人数每年都有很多。

没想到，小小蚊子居然是传播杀害人类病原体的“猛兽”。

我们的免疫系统在第一时间调动起来，正是为了抵挡这些病原体的入侵，而瘙痒的感觉也可以给大脑提醒：危险！这里有蚊子，赶紧行动起来，不要再被咬啦！

09. 吃掉的粮食比一个国家的粮食总产量都多，这种昆虫是怎么成为头等害虫的？

很久很久以前，在喜马拉雅山的西南麓，有一类以果树的果实为生的小昆虫。它们的体形只有米粒大小，长长的吻部活似大象的鼻子。显然，这是象鼻虫（象甲）家族的成员。

和其他大多数昆虫一样，这些小小的昆虫原本不会被人们过多地关注。但在距今1.2万年前，古人类开始从渔猎采集的原始生活转变为农业种植生产，这是人类文明进程史上举足轻重的大事件，而这些小小的昆虫，也开始书写自己的“史诗故事”。

农业生产让人类拥有了许多富余的粮食，暂时吃不完的粮食就被储存起来以备后用。在那个时期，至少有六七种小象鼻虫以谷物为食。

与风吹雨淋的野外环境不同，谷仓里享用不尽的食物、干燥温暖的环境更适宜它们生存，于是这些寿命只有3个月左右的小虫开始大快朵颐，爆发式地繁殖——一只雌虫每天可以生3～6枚卵，而1枚卵只需要几天就可以走完从孵化到成虫的发育过程。

此后的几千年里，它们还随着人们的生活足迹，走出了喜马拉雅地区，走向了全世界。

现在，所有人都知道了它们的名号——米象。如果你扒开家里的粮袋子，就有可能找到这些小“明星”。

它们并不咬人，被它们吃掉的大米也不会有任何毒害，但它们对人类的危害却比任何一种昆虫都要大：根据科学家的统计，每年被米象吃掉的粮食总量，占到了全世界粮食总产量的5%左右，这比许多中小国家一年的粮食总产量都要高！而在某些非洲国家，一些管理落后的粮仓里，甚至有一半的粮食都被米象吃掉了！

“汗滴禾下土，粒粒皆辛苦”，被小小米象浪费掉如此多的粮食，人类当然不能答应。

科学家们发现，改变储存粮食的方式，可以有效地抑制米象的泛滥。因为，米象不适应低温和高二氧化碳的环境，如果能在这样的环境中储存粮食，米象就不容易泛滥。

在家中，我们最好在密闭容器中保存大米等谷物，以便预防米象。

小小的米象，每年吃掉的粮食总量竟占全世界粮食总产量的5%左右

10. 你看到了有蓝色翅膀的蝴蝶？其实是被它们的“魔术”给骗了

多彩绚烂的蝴蝶一直是昆虫标本收藏者们的心头好，尤其是那些色彩华丽的大型蝴蝶，更是被他们津津乐道。有着熠熠生辉蓝色翅膀的大蓝闪蝶就是一种明星蝴蝶，它巨大的翅膀不仅有着宝石般的迷人蓝色，还如同绸缎一样闪闪发光。

不过，大蓝闪蝶的“蓝色”并不是它真正的颜色。当有酒精沾染到它的翅膀上时，翅膀立刻就会变成绿色，而酒精挥发之后，闪亮的蓝色又会再次出现。

原来，大蓝闪蝶翅膀的蓝色并不是来自翅膀上的色素，而是因为，在它的翅膀上有密密麻麻的鳞片。这些鳞片之间有许多微小的结构，光线照射在翅膀上时，会在鳞片之间来回地反射。

在这个过程中，不同角度的光线会出现一种“干涉”，影响光线的波长，让原本布满绿色色素的大蓝闪蝶翅膀所反射的绿光变得更像蓝光。但被酒精浸湿之后，由于酒精填充到了这些鳞片之间的缝隙里，当光线照射到翅膀上之后，就只会反射绿色光线了。

像大蓝闪蝶这种通过身体结构而非色素来展现色彩的情况在自然界中还有很多，我们将其统称为“结构色”。这种情况在那些长有蓝色羽毛、鳞片的动物身上最为常见。

这是因为，绝大多数动物自身并不能产生蓝色色素，比如，包括我们人类在内的哺乳动物只能生成黑色素，然后由于黑色素浓度的变化而出现灰色、黄色、褐色和棕色等，却绝不可能产生蓝色。

鸟类虽然能生成绿色、粉色的色素，但也很难生成蓝色，所以，包括孔雀的尾巴、蓝色的翠鸟等鸟类的羽毛的颜色，其实也是和大蓝闪蝶一样的成色原理。

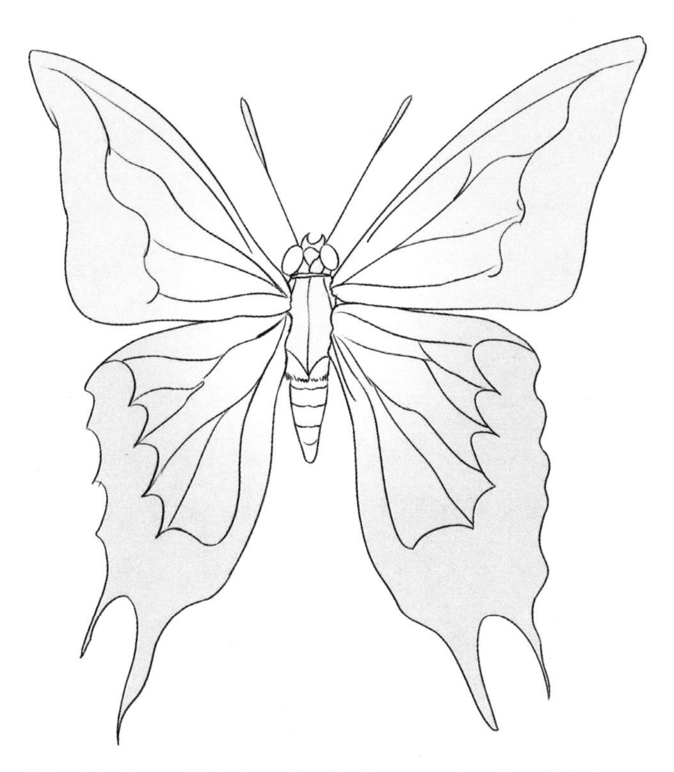

大蓝闪蝶翅膀上的蓝色是光线在翅膀上的鳞片间来回反射造成的

11. 险些“殖民月球”的水熊虫

2019年，以色列的科学家因一群“小虫”愁得焦头烂额。不久前，他们向月球发射了“创世纪”号探测器，按照原计划，探测器会在月球表面缓缓着陆，此后将开展一系列科研试验。但就在距离月球表面仅10千米的时候，探测器突然失控坠毁了。

损失了一颗探测器当然令人心痛，但对于以色列科学家来说，更大的麻烦来自探测器上的一群特殊“乘客”——水熊虫。这些小生物被密封在探测器的容器里，科学家原本计划研究一下它们在太空环境下的生活情况，但探测器的意外坠毁很可能会把盛放水熊虫的密封容器打碎。

这些水熊虫一旦逃逸到月球表面，就有可能造成月球表面的微生物污染。

月球表面没有空气，而且探测器的坠毁速度非常快，水熊虫怎么可能会活下来，又怎么可能导致微生物污染呢？这个推论可太小瞧水熊虫啦！这些体形不到1毫米的微生物可是地球上最顽强的生物之一，它们可以耐受相当程度的缺氧和低温环境，即便是在真空中也能休眠蛰伏存活好几年之久。

在实验室里，科学家把水熊虫装入特制的子弹中，以高达825米/秒的速度发射出去。子弹击中沙包的撞击力达到了1.14亿帕斯卡（1125个标准大气压），居然也无法把它们杀死。要知道，一把普通的冲锋枪的子弹速度也只有400米/秒，而一般认为人最多只能承受18

个标准大气压的冲击力。

幸运的是，科学家进一步证明，当撞击速度超过900米/秒，撞击力超过1.14亿帕斯卡时，即使是生命力强悍的水熊虫也会被彻底震碎，而“创世纪”号坠毁时的撞击力应当比这个数值还要高，因此，探测器里的水熊虫也应当在撞击中粉身碎骨了。

小小的水熊虫差点“殖民月球”

12. 昆虫的趋光性，可不只是朝着亮光飞过去那么简单

你一定听说过“昆虫有趋光性”的说法，在夏季夜晚的火堆或电灯附近，也能见到不断飞扑过来的小虫，“飞蛾扑火”就是在形容昆虫的这种习性。可为什么昆虫会冒着被烧死、烫死的风险而不断直扑火堆和电灯，却从来不会直勾勾地朝着明亮的月亮飞过去呢？

其实，我们对昆虫的趋光性有一个误解，它们并不是喜欢朝着光亮的地方飞去，而是把光亮作为指示自己飞行方向的“灯塔”。在漆黑的夜里，夜行性的昆虫通过月光和星光指路，只要让自己的飞行角度和月光、星光始终保持某个固定的角度，它们就可以飞出笔直的路线。

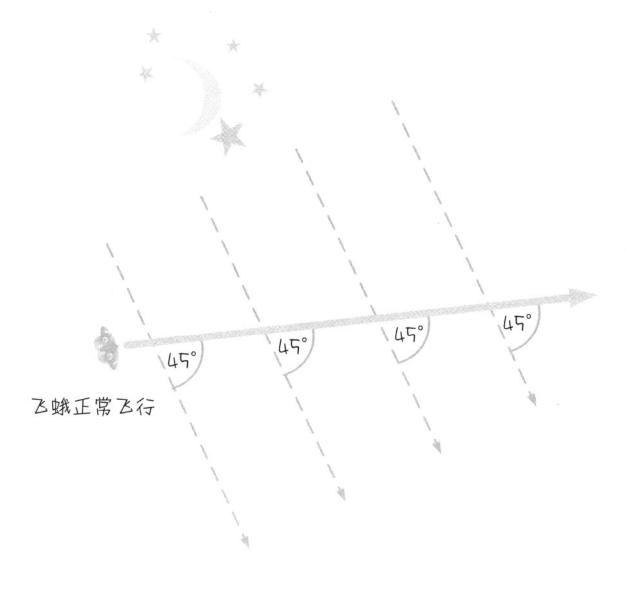

夜行昆虫的飞行角度和月光、星光始终保持一致

自从人类征服了火并使用火来照明，乃至后来发明了电灯照明之后，昆虫就被这些人造光源吸引了。它们依旧试图让自己的飞行方向和这些光源射出的光线保持固定的夹角，但和月光、星光不同，人造的光源距离昆虫实在太近了，它们的光线并不是平行的，而是以光源为中心呈发散状。

如果昆虫始终保持自己和火光、灯光呈一个固定角度来飞行，它就势必会飞出一个不断靠近光源的螺旋线，最终转到火堆和灯泡附近被烧死、烫死。

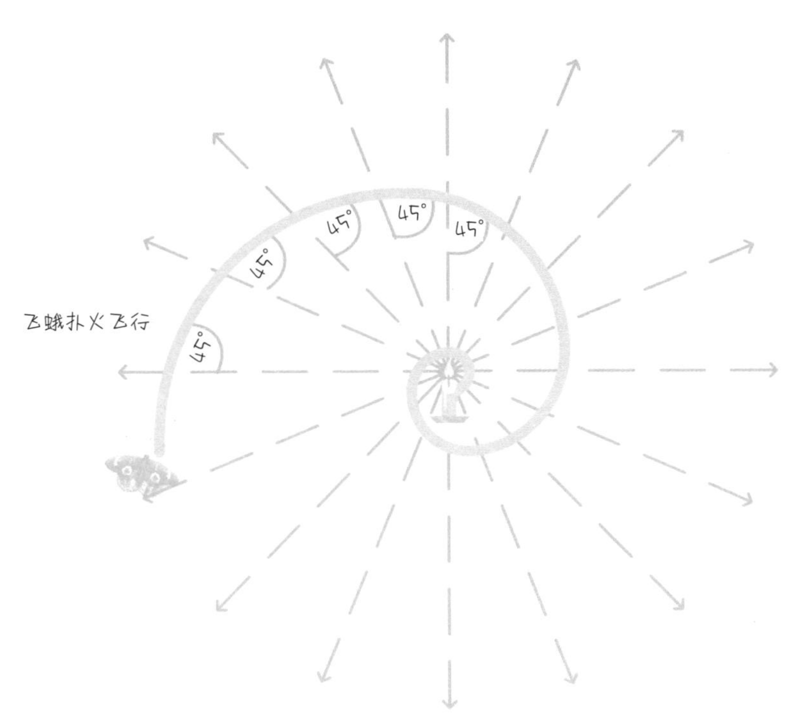

飞蛾如果与火光、灯光保持固定角度，会最终飞到火堆和灯泡中心被烧死、烫死

13. 从空中到水底，蜻蜓的杀蚊能力有多强？

夏季恼人的蚊虫叮咬让我们对蚊子恨之入骨，也正是这个原因，那些能吃蚊子的天敌就格外受到人们喜爱，青蛙、壁虎和蝙蝠也因此都被冠以“益虫”的美名。

在蚊子的诸多天敌中，蜻蜓恐怕是杀蚊效率最高的一种。高频扇动的翅膀给蜻蜓带来了极高的飞行速度，两对翅膀的前后配合还能让它完成悬停、原地转向和倒退的飞行绝技。

巨大的复眼为蜻蜓提供近乎无死角的视野，人类肉眼难以发现的蚊子，一旦被蜻蜓锁定，即便蚊子飞得再灵活，也几乎难以逃脱。

更值得一提的是，蜻蜓对蚊子的追捕绝非只有空中这一个战场。

我们都知道，蚊子虽然是一种飞虫，却喜欢把卵产在水中，孵化出的幼蚊也在水中生活，这个阶段的蚊子被称为“孑孓”。蜻蜓也拥有同样的习性，“蜻蜓点水”实际上就是蜻蜓在繁殖季节于水中产卵的行为，它们的幼虫被称为“水虿”。

别看水虿是幼虫阶段的“宝宝”，但水虿捕杀孑孓的能力，可能比它们的父母捕杀蚊子的能力更为惊人。

孑孓在水中的活动能力非常微弱，它们大多数时候只能像小虾一样快速抽动身体跳跃式地游动，而水虿不仅能在水底爬行，还可以把水大量吞入腹中再快速喷出，以高速喷射的方式迅猛出击。

水虿的嘴巴更为惊人，大多数种类的下颚可以向前伸缩，一些种类的下颚上甚至还有凶狠的钳子，小小的孑孓当然难逃巨口。一些大型水黾还能捕捉蝌蚪、小型鱼类等打打牙祭。

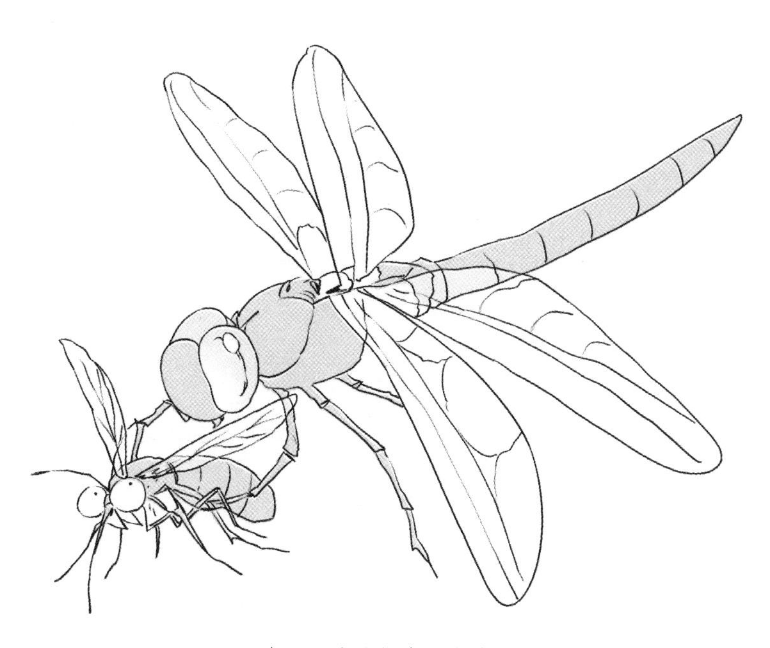

蜻蜓的杀蚊能力十分惊人

第六章

身边的秘密

01. 让猫趋之若鹜的猫草到底是什么？

你家的猫最喜欢吃什么？冻干肉？小鱼干？还是猫罐头？人的饮食喜好多样，猫其实也是众口难调，想要在这些常规的食物中挑选出最受猫欢迎的一种，恐怕是不容易的。

不过，有一种东西受到绝大多数猫的喜爱，甚至“喜爱”这个词已经不足以形容猫对它的痴迷程度，哪怕只是闻到味道，一些猫就已经兴奋不安，还有的猫会在它面前满地打滚、口水横流。到底是什么能让猫放下“高冷”的架子？非猫草莫属。

猫草能让猫癫狂的原因并非只是因为口感独特：我们日常能买到的猫草或猫薄荷其实是两种植物的统称——猫薄荷草和缬草。它们的叶片里分别含有一种能刺激猫神经的物质，这类物质和猫体内的神经元接触后就能让猫产生极为兴奋的神经快感。猫对它们的喜爱，实质上就是我们常说的“上瘾”。

我们知道，所有能让人“上瘾”的东西如果食用过量，都可能会产生依赖性，比如酒瘾和烟瘾，这不仅很难戒掉，还对身体有害。猫草会不会导致猫产生依赖性呢？从逻辑上看，确实存在这样的风险。不过，任何上瘾性的物质都必须达到一定的剂量才能产生有害的结果，就像我们大多数人不会因为吃了一盘用啤酒制作的红烧鸡翅就染上酒瘾一样，猫草里的上瘾物质含量也很低，只要不是经常性地给猫食用大量猫草，就基本不会产生依赖性。

02. 兔子那么可爱，为什么在澳大利亚却被当成灾祸？

绵延万里的长城曾是我国抵御敌人入侵的屏障，而在今日澳大利亚的西部，一条用铁丝网围筑的“长城”也被寄予厚望。当然，澳大利亚防的不是人，但围网背后的“敌人”同样让他们恐惧，那就是数以亿计的兔子。

孤悬南半球的澳大利亚原本并没有兔子，但当欧洲人来到此地后，一个叫作托马斯·奥斯汀的英国人打开了“潘多拉魔盒”。他是一个狂热的狩猎爱好者，在英国的时候，他总是在闲暇时拎着猎枪外出捕兔。但澳大利亚的野外缺少这种猎物，奥斯汀手痒难耐，最终决定在自己的农场里放养24只从欧洲带来的兔子以满足狩猎需求。

但之后的事态发展远远超出奥斯汀和所有人的想象。由于澳大利亚没有兔子的天敌，它们旺盛的繁殖能力让兔群规模得以爆发式地增长，仅仅过了6年，奥斯汀农场里的兔子就已经数以万计了。

这些兔子大肆啃食植被，严重威胁到了澳大利亚人赖以为生的畜牧业发展，而其中的主力军穴兔还有打洞的习惯，这进一步导致了当地的水土流失。

澳大利亚本土的一些有袋类食草动物根本无法和快速膨胀的兔群竞争，其生存受到了兔子的严重威胁。澳大利亚的兔灾就此开始了。

据不完全统计，在19世纪末，澳大利亚的兔子数量恐怕超过了

100亿只。100多年来，澳大利亚人穷尽了各种办法，想让兔子的数量得到控制，甚至动用了生化武器——兔瘟病毒，却依旧成效不大。

澳大利亚兔子的故事告诉我们，在一个陌生的环境里引进一种外来生物非常容易，但要消化它带来的后果，恐怕就没有那么轻松了。在改造和重塑自然的过程中，人类拥有极强的能力，但在面对由这些改造带来的影响面前，人类又是那么无力。

这些已经酿成的大祸恐怕已经无法弥补，这就更需要我们警醒，在今后面对自然时，要更为敬畏和谨慎。

可爱的兔子在澳大利亚竟成为一种灾祸

03. 什么？！这些被大量饲养的牛，祖先居然灭绝了？

世界上有多少头牛？这着实是个很难回答的问题。根据大概的统计，全世界每时每刻都有近10亿头牛被养殖着，如果再算上不断被屠宰吃掉的那些，人类每年累计圈养的牛肯定是个天文数字。

牛是如此繁多又如此普通，以至于我们很难将它们和“灭绝”二字联系起来。但它们的野外祖先，竟位列灭绝动物的名录中。严格意义上讲，牛是一种野外灭绝的物种，灭绝程度甚至比大熊猫和朱鹮还要高。

今天被人类饲养的牛大概有4种，除了数量较少的水牛、牦牛和瘤牛之外，其他所有家牛不管外貌和性情有多么不同——比如奶牛、黄牛和西班牙斗牛的区别——都是同宗同族的同一物种。原牛正是这些家牛的共同祖先。

原牛是一种肩高达2米的威猛生物，或许正是这种威猛点燃了古代文明中勇士们的征服欲，在原牛被成功驯化后的几千年里，以简单的猎杀工具挑战野生原牛的行为从未停止。

将自己斩获的原牛牛角做成酒杯，用原牛头骨装饰客厅的做法是种对个人力量的宣告。在古罗马的竞技场中，角斗士手持利刃和原牛搏斗的场景也总能引起山呼海啸般的喝彩声。

人类对原牛的捕杀持续了几万年，到了13世纪，一度遍布在亚欧大陆的原牛退到了波兰的沼泽湿地中。1564年，由波兰皇室组织的原牛普查只发现了38头野生个体。

到了17世纪初，无论人们如何翻山越岭去搜寻，也只发现了一头母牛孤零零的身影。1627年，随着这最后一头母牛的死亡，这个物种最终走到了尽头。

看似常见的牛，竟是一种野外灭绝物种

04. 没骗我吧？在西北的戈壁滩上，居然可以养海水对虾？

在波光粼粼的水面上，渔民正在劳作，沉甸甸的渔网被拖回船舱，网中鲜活的渔获是一年辛勤劳动的结果。在辽阔的中国的许多海岸、河滨，这样的场景并不罕见，但眼前的一幕却有些独特——网中跳跃的是对虾，一种典型的海鲜，而此地却是甘肃，一个地处西北腹地的干旱省份。

海洋里的对虾是怎么跑到内陆来的？为什么一直以缺水著称的甘肃，却能养殖虾呢？

原来，缔造这一奇迹的是甘肃省景泰县。景泰并不缺水，黄河在旁边奔涌而过，但如何能用上黄河水一直是景泰人民心头的问号。景泰的土地都位于黄河岸边700米高的台地上，守着水却不能用，于是有“水在低处流，人在川上愁”的说法。20世纪70年代，人们用电力将黄河水位提升，景泰人终于解决了灌溉难题。然而好景不长，过量的灌溉带来的蒸腾作用将土壤里积攒的深层盐分带到了地表，景泰出现了盐碱化的趋势，一些刚刚被开垦的耕地随之被抛弃，饱尝干涸之苦的景泰人又不得不开始面临盐碱化的困境。

在盐碱地里挖鱼塘养鱼，用水的压力将盐分重新压回地下是一个常用的盐碱地治理办法。可是在盐碱地上挖出的鱼塘，里边不是纯净的淡水，普通的淡水鱼虾无法生存；水中的盐分又不像海洋中那么稳定，大多数海洋生物也不能正常生长。到底该养些什么呢？此时，南美白对虾引起了景泰人的关注。这是一种广盐性生物（指能够在海水含盐度变化较大的海水中生活的生物），它们本来源自海洋，却也经常游进河口的淡水中觅食，对不同盐分的强大适应性让它成为景泰鱼塘养殖的最佳选择。经过多年努力后，西北鱼塘出产的海虾，已经成为景泰的一张亮丽的特产名片。

南美白对虾成为干旱的甘肃省景泰县的一张特产名片

05. 古代不许杀牛吃肉，梁山泊的好汉又怎么能“大口吃肉”呢？

在农业文明昌盛的古代，耕牛是左右江山社稷的重器。作为一种大型力畜，牛在耕作中的作用异常重要。像翻耕土地这样的劳动，拥有耕牛和没有耕牛有着质的区别。当人口越来越多，农业越来越重要时，为了保证农业生产有足够的力畜，以禁止私杀牛为原则的耕牛保护制度，成了根植在农业基础上的中国各朝各代集权政府最为关注的国家大事，对耕牛的保护，更是载入了历代王朝的法律体系之中。

从周朝开始，一直到1986年，私自杀耕牛都不为法律所允许。汉代的耕牛保护制度非常严苛，不管杀害的是别人的耕牛还是自己的，都会被判处死刑。明清时期规定，如果私杀自己的耕牛，杖一百；如果杀害别人的耕牛，会被流放。

不过，再严苛的律法，也不可能完全杜绝违规的发生，一些私杀耕牛的情况总是无法避免，甚至有的时候会成为一种普遍的现象。在洪、旱、蝗等自然灾害发生的时候，耕牛的生存很难有保障，连人都吃不饱，谁还有能力去照顾一头牛？每到此时，就会发生农民为了求生存而将耕牛杀掉吃肉或贱卖的事例。

而我国四大名著之一《水浒传》中所描述的北宋徽宗时期，恰是这样一个民不聊生的时代。由于朝廷无能，奸臣当道，普通民众的生产生活受到了很大影响，私自违法杀掉耕牛售卖非常常见，梁山泊的好汉们大口吃掉的牛肉，大多都是这么来的。

06. “二哈”哈士奇真的特别傻吗？

哈士奇是狗界的“奇葩”，坊间流传的所有故事都围绕着它到底有多傻：主人不在家，哈士奇就能把家拆得底朝天；主人带它外出散步，哈士奇转眼就“撒手没”。正因此，哈士奇又被戏称为“二哈”。

“二哈”哈士奇显得傻，其实只是它的一种“应激反应”

“二哈”真的傻吗？哈士奇原本是北美北极圈地区土著驯养繁育的一种雪橇犬。雪橇犬除了要有坚忍的耐力和强健的体格外，还必须能服从头犬的指挥，听懂主人的口令。从这个层面看，哈士奇应当十分聪慧才对。那为什么被当作宠物养在家中的哈士奇，时时处处冒着傻气呢？

其实，哈士奇的反常行为和智商没有多大关系，无论是“拆家”还是“撒手没”，都是因为它们无法适应长期居家生活所产生的“应激反应”。应激是对动物面临不适宜环境时产生的反常行为的统称。哈士奇原本生活在寒冷地区，每天都在广阔的天地自由驰骋，把它们长期养在温暖又狭小的室内，当然会让它们产生不适感。当它们旺盛的活力无法释放时，家中的家具等就成为发泄的对象，而一旦来到室外，它们又可能因为主人看管不当而快速逃逸。

同样的情况在其他一些需要巨大活动量的狗种身上也有体现，如被誉为最聪明的狗种的边境牧羊犬，它们每天需要的活动量等同于慢跑十几千米，即便主人能每天带它外出散步，也几乎不可能满足它们的运动需求。

所以，当你家的哈士奇出现了“犯傻”的行为时，不要笑它，这是狗感到不适的预兆。爱狗的人也应量力而行，如果自己没有太多的闲暇时间陪它运动，就尽量不要选择哈士奇这样对运动量需求较大的狗种。但如果你能满足它们的需求，或许就能看到这些冰雪中的精灵聪慧的真面貌。

07. 狗能看家，鸡能下蛋，猪能产肉，猫能干吗？为什么要驯化猫呢？

被人类驯化的动物大多数都有明确的用途，最早被驯化的狗曾是人们捕猎的助手，后来又因为领地意识强而用来看家护院，猪、羊、鸡、鸭能给人们提供肉食，绵羊以自己的毛帮人们御寒，牛除了肉和奶之外，还为农业发展提供强大助力，马和驴能驮负人们远行。不过，在最早那批被驯化的动物中，猫的地位极其独特，它既没有吃的价值，也不能产毛、耕地，那么人们为什么要驯化猫呢？

对猫的驯化，可能并非人们主动为之。一种理论认为，当早期的农业在两河流域（幼发拉底河和底格里斯河）兴起后，大量粮食被储存在人类的村落里，同时以粮食为食的啮齿类动物——老鼠也开始聚集在人类身边。简易的粮仓完全无法阻挡老鼠，有了充足的食物后，老鼠旺盛的繁殖力得以爆发，一只小老鼠只需要几个月时间就能参与繁殖，一窝幼崽经常能达到十几只，只需短短几年时间，一只老鼠就能繁育出一个由几千只子孙组成的大家族。

生活在两河流域附近的非洲野猫原本就以啮齿类动物为食，它们虽然生性胆小谨慎，却也无法抵挡人类村落里大量老鼠的诱惑。许多非洲野猫试探性地闯进村落中捕食老鼠，人们也注意到这种小型猫科动物对自己不仅无害，还能帮助消灭老鼠。人类的包容让非洲野猫有了在当地定居的可能，天长日久，非洲野猫完全适应了人类社会的生存环境，完成了自我驯化，家猫随之而诞生。

在今天，人们已经有更多更高效的办法防治鼠患，猫也渐渐从捕鼠这个实用角色转化为单纯的宠物。在漫长的文明之路上，猫这种小巧的猎手曾为我们保驾护航，而今天的它们已经化身为人类更亲密的精神伴侣，还会陪伴我们继续走向未来。

野猫完成“自我驯化”变为家猫，不仅捕鼠，还成为人类亲密的朋友

08. 为什么要给马钉马蹄铁？

今天，人们更熟悉汽车、飞机这样的现代化交通工具，但在古代，马才是帮助人们纵横天下的关键。大家都知道，人工驯养的马需要定期修剪马掌、换马蹄铁，但是人类为什么要给马钉马蹄铁，为什么野生的马就不需要钉呢？

要搞懂这个问题，我们首先要知道马蹄究竟是身体的什么部位。和我们惯常的认识不同，马真正用来着地的部分并不是它的脚底，而是它中趾外包裹着的一层厚厚的角质。和我们人类的指甲类似，马蹄的角质在一生中会不停地生长。不过，由于马在运动的过程中，角质会不断摩擦损耗，一增一减，使得野生马的角质的量总能维持在正常的水平。

不过，家养马的情况则大大不同，它们的运动量要么太大，要么太小，角质的生长和损耗总是很难同步。一些圈养在柔软草地里的马的蹄子磨损非常小，角质长得很长，甚至会发生卷曲。还有一些马需要驮着货物长途跋涉，由于负重增加，行驶里程也远超野生马的运动量，角质会磨损过快，有的还会发生崩裂。所以，给马定期修剪马掌，相当于帮它们剪指甲；给马蹄钉上马蹄铁，相当于给它们穿上一双耐磨的鞋。通过这两种方式，人工驯养的马的蹄子就能保持一种良好的状态。

09. 非洲斑马那么多，为什么人们不驯化斑马呢？

当我们回顾人类驯化动物的历史时不难发现，亚欧大陆的古文明对马的驯化是一项杰出的成就。但你是否想过，为什么非洲的斑马从来没有被人类驯化过呢？

其实，人类也并非没有进行过这样的尝试。早期的欧洲殖民者探索非洲的时候就遇到过一个恼人的困境：肆虐在非洲中部腹地的一种叫作采采蝇的小昆虫身上所携带的病菌对从欧洲带过来的家马伤害极大，大批马因此而死亡，许多欧洲探索者只能通过徒步的方式在非洲游历。为了解决这个问题，欧洲殖民者寄希望于驯化在非洲本地生活、对采采蝇已经高度适应的斑马作为坐骑。其中最成功的尝试者就是大名鼎鼎的罗斯柴尔德家族的第二代掌门人沃尔特。这位银行大亨斥巨资购买了一批斑马，并至少让其中的6匹学会了拉马车。

沃尔特这样的先驱很快就发现了斑马的缺陷。斑马的力量和体形都远不如家马，它们可以几匹一组地拉动马车，但是却很难驮负着骑手们长途跋涉；斑马的脾气性格也远比家马暴烈得多，这原本是它们适应弱肉强食的非洲野生环境的优势，但此时却成为人们驯化斑马的阻碍。换言之，驯化斑马是一件投入非常巨大，收获却很小的事。所以，当机动车逐渐普及后，欧洲殖民者也就失去了继续驯化斑马的动力。直到今天，人类对斑马的驯化也没有更进一步。

10. 猫被臭袜子熏到张开了嘴？其实是它在用“嘴巴”闻味呢！

把臭袜子凑到猫面前会发生什么？它们多半会微微张开嘴巴。猫是在嫌弃臭袜子的味道吗？猫当然不喜欢臭袜子，不过，它们张开嘴巴也并不是因为嫌弃，而是正在用另一副“鼻子”探测你的身体状况。

我们人类是怎么闻味道的呢？当气味分子飘进我们的鼻腔的时候，鼻腔表皮里黏膜的嗅觉神经细胞会将它们捕获，气味分子会刺激这些细胞并产生神经信号，大脑就识别出了不同的气味。

猫当然也有同样的嗅觉系统，但它们的嗅觉系统却并不仅有这一种。在它们的口腔上方，还有一个叫作“犁鼻器”的特殊器官。犁鼻器里的神经细胞不能和气味分子结合，却能敏锐地识别各种激素的味道。作为一类独居又有明显领地意识的动物，犁鼻器对猫科动物非常重要，雄性猫科动物会在自己领地周围喷洒尿液，如果有同类入侵，它会先用犁鼻器识别尿液里的激素信息，大致判断一下领地的主人是否健康，自己有没有挑战对方的可能。在繁殖季节，雄性还可以通过犁鼻器嗅探雌性留下的气味，准确把握交配时机。

人体内的犁鼻器已经基本退化，但我们的汗液和皮肤依然会散发激素的味道。家养的猫和狗时常张开嘴闻人的腿、脖子甚至臭袜子，就是在用犁鼻器嗅探我们的激素气息呢。

11. 其他鸟类一年才下几个蛋，为什么母鸡却下那么多蛋？

鸡是我们最熟悉的鸟类，但这种平凡家禽身上却藏着一个大秘密：大多数鸟类只会在繁殖季产下寥寥几枚蛋，可即使是最普通的母鸡，一年也能产下100多枚鸡蛋，一些蛋用鸡甚至可以做到每天都下蛋。更绝的是，其他鸟类都需要通过交配才会产蛋，而母鸡下蛋的过程却几乎不需要异性参与。母鸡是怎么了，是什么刺激它们一年到头下蛋不止？

母鸡可以一年到头下蛋不止

母鸡下蛋的传奇，和它们原始祖先的特殊习性不无关系。

在东南亚的林地里生活的原鸡是今天所有家鸡的祖先。在正常情况下，这种美丽的野鸟也和其他鸟类一样，只在繁殖季节生下几枚鸡蛋用来孵化后代。但它们生活的林地与众不同——植被几乎全都是竹子。每隔几十年，成片竹林就会同时开花、结果，然后枯败，由此在短时间会出现大量竹米（竹子的果实）。

为了抓住这个千载难逢的机遇，原鸡的繁殖节奏瞬间进入“战时状态”——它们会马上进入繁殖期，试图利用丰富的竹米来提升后代的存活率。

当原鸡被人类驯化后，人们试图用自己种植的谷物来喂养它们，这无意间打开了原鸡的“繁殖密码”——原来，竹子和人类种植的几乎所有谷物（包括小麦、水稻、小米、玉米等）一样，都是禾本科植物大家庭的成员，它们的种子虽然形态各异，但基本的营养差别并不大，这些谷物饲料触发了鸡特殊的“战时”生殖机制，使得它们能立刻开始下蛋……

大自然中青翠的竹子

第七章
菜篮子里的故事

01. 辣死人了！为什么切辣椒会辣眼睛？

舌头上的味蕾是我们的味觉器官，但在酸、甜、苦、辣、咸这些味道里，辣显得那么独特：切完辣椒后如果不小心揉了眼睛，会被辣得流眼泪。难道眼睛上也有味蕾吗？

味蕾当然不会长在眼睛上。眼睛之所以能感受到辣，是因为辣根本不是一种味觉。

辣椒富含一种叫作辣椒素的生物碱，当辣椒素和人体表层的神经相遇时，人类神经中的一种VR1受体（也称“辣椒素”受体）会和它发生反应，并产生强烈的灼烧一般的痛觉。我们吃了太多辣椒后，会有“火辣辣”的感觉，正是神经被灼烧过度的反应。

由于人们的长期选育，不同的辣椒所含的辣椒素浓度不一致：一些甜椒的辣椒素含量极低，只有在口腔这样表皮最敏感、神经最丰富的区域才能被VR1受体感受到；有的辣椒中辣椒素含量非常高，哪怕是被人们的手接触到，也足以刺激神经产生痛感。

眼睛作为人体表皮非常脆弱的区域，只需要少许的辣椒素就能产生痛感，切完辣椒后揉眼睛自然也就会感受到痛了。

同样的道理，如果手上原本就有伤口，再去触摸辣椒，皮肤的保护就起不到作用，痛感也就更为强烈了。

可是，如果辣椒素能让我们感到痛，为什么人们还这么喜爱吃辣椒呢？因为当人的神经被辣椒素灼烧后，大脑会释放一种叫作内啡肽的镇静激素。内啡肽除了可以止痛，还有能带来快感的“副作用”。

最早使用辣椒的南美原住民发现，辣椒的灼烧感并不长久，那种短暂的灼烧痛苦之后产生的丝丝愉悦反而让他们爱上了辣椒。从大航海时代将辣椒推广到全球后，同样的感受让辣椒在全世界收获了许多爱好者。

切辣椒后产生的辣椒素与人类神经中的VR1受体发生反应，
让人的眼睛感到灼烧般的痛

02. 除了人类，也有动物会吃辣椒吗？

上一篇里我们讲道，辣其实是一种痛觉。在自然界中，趋利避害的本能足以让动物远离痛苦的东西，但除了人类之外，鸟似乎也特别钟情于辣椒，在种植辣椒的菜园里，经常能看到成熟的辣椒被鸟啄食过的痕迹。

这并不奇怪，能感受辣椒素的VR1受体只分布在哺乳动物体内，换言之，鸟类吃辣椒完全不可能感受到辣味。而对于使用视力寻找食物的鸟来说，发现鲜红的辣椒简直不要太容易。

如果将两者结合起来看，人们难免不会怀疑——似乎辣椒演化成这样就是为了被鸟类吃掉一样。从科学的角度理解，这也的确是辣椒和鸟类之间的默契。

和许多植物一样，辣椒也需要把种子播撒到尽量广的地方，这既可以避免种子集中在一片狭小区域生长而互相争夺阳光和养分，又能避免一个区域的干旱或洪涝而将所有幼苗一窝端掉。要完成这个目标，许多植物需要动物们来帮助播种。诸如桃子这样的水果就选择以甘甜的果肉“贿赂”动物，当猴子吃完果肉后，果壳被抛得随处都是，无形中就完成了播种。

辣椒却不能指望猴子的帮助。辣椒的种子没有坚硬的果壳保护，它稚嫩的种子很容易被哺乳动物的牙齿碾碎，此时，没有牙齿的鸟类显然是更好的选择。可能威胁到种子的哺乳动物已被辣椒素吓跑了，没有牙齿也不会感受到辣的鸟类却被鲜红的辣椒果实吸引而来，辣椒就是以这样巧妙的方式完成了“播种大业”。

03. 甘蓝、包菜、西蓝花居然是同一种植物？

生长在地中海地区的甘蓝原本是一种很不起眼的植物。地中海的海风干燥凛冽，无论寒冬还是酷暑，甘蓝依靠着叶片上厚重的蜡质熬过寒冬，也用低矮的植株对抗狂风。

尽管野生甘蓝平平无奇，古希腊人还是窥见了它身上的无限可能。古希腊的农夫发现，极少数野生甘蓝会在冬季长出一个由许多叶片包裹而成的球形。在将这些自然变异甘蓝不断选育后，他们最终得到了一种适合在冬季储存的完美叶菜——包菜。

普通的包菜叶片呈淡绿色，但还有一些包菜因为体内富含更多的花青素而叶片出现了紫色的变化，紫色的包菜也就有了新的名字——紫甘蓝。

把甘蓝的叶片培育到极致后，古罗马人接过了对甘蓝培育的大任，他们培育的重点是甘蓝的花朵。野生甘蓝的花朵生长在细长的花茎上，十字形的黄色小花完全没有食用的价值，但在古罗马人的栽培下，甘蓝出现了花茎膨大的变异现象，密密麻麻的花朵聚集在一起，为古罗马的餐桌提供了“菜花”这个新品种。

另一种菜花的花茎和花朵被更多的叶绿素染了色，生活在东方的人们则以“西蓝花”的称谓标示它的来源。

在种菜这个领域，中国人有着高超的技术。当甘蓝被引入中国后，人们培育了能食用嫩叶、嫩芽和嫩花的芥蓝，又培育出了茎部膨大的苤蓝。除了吃之外，一些甘蓝的叶片还因为花青素的缘故呈现出鲜艳的粉色，在许多城市的绿化带里，我们都能见到这个被当作装饰花卉的变种——羽衣甘蓝。

从地中海沿岸的一株野菜出发，今天的甘蓝早已呈现出千姿百态的变化，这不仅反映出其非凡的可塑造性，也体现了人工选育对生物的强大改造能力。

甘蓝、包菜、西蓝花是同一种植物

04. 生菜、莜麦菜和莴笋居然是同一种植物？

在一般菜店的柜台上，生菜、莜麦菜和莴笋总是被摆在一起出售。有人曾问过其中的缘由，老板有自己的盘算：他说这几种蔬菜都非常清淡，制作起来也都非常简单，喜爱这几样菜的都是同一批人，放在一起就是为了让这些老主顾买菜方便一些。

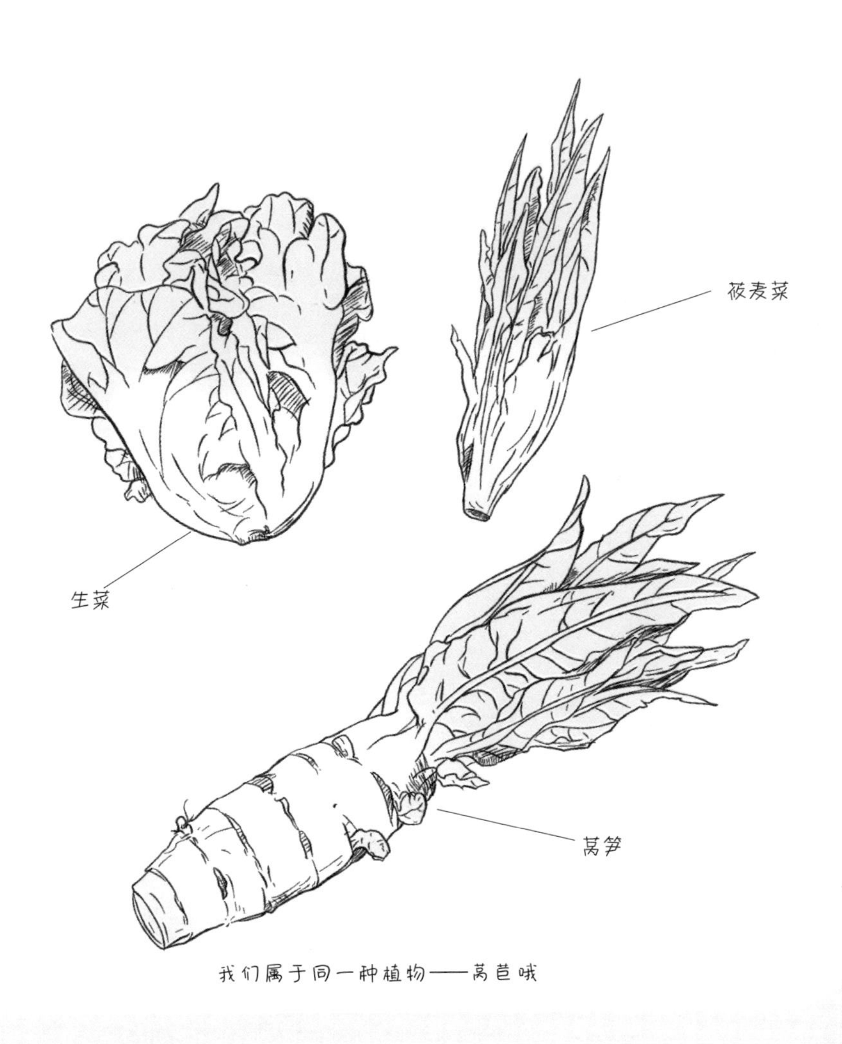

我们属于同一种植物——莴苣哦

菜店老板有自己独到的生意经，但他可能没想过，是什么让三种长相迥异的蔬菜味道如此雷同。用来卷烤肉生吃的生菜、用豆豉鲮鱼罐头翻炒一下就能入口的莜麦菜和长着粗大茎部的莴笋，其实是同一个物种——莴苣，这才是它们共有的真名。

今天活跃在我们餐桌上的许多蔬菜都来自地中海沿岸，莴苣也不例外。不过在被人类驯化之前，野生莴苣看起来并没有成为一种蔬菜的潜力。它叶片狭小，茎秆上长满毛刺，更重要的是，野生莴苣体内含有一类能作用于神经的汁液，所以最早食用野生莴苣的古埃及人和古罗马人一直把它视作一种镇静类药物。

直到16世纪，一次偶然的杂交让有毒的野生莴苣摆脱了毒性，这种其貌不扬的野菜才开始了自己狂飙突进的变化。到了18世纪，欧洲的农夫们已经培育出好几种不同的莴苣，这其中就有以叶片为主的生菜和莜麦菜。

中国的农民对莴苣的选育也有特殊贡献，膨大茎部的莴笋正是我们的先辈独立选育出的新品种。除了我们经常食用的这几类蔬菜外，今天的莴苣至少有七大类、几十个品种，甚至还有专门用来榨油的莴苣。

05. 橘子、柚子、橙子，傻傻分不清？

水果摊上的柑橘类水果种类丰富极了，金橘、柑橘、橙子、柠檬和柚子虽然大小迥异、口感不同，但长得都差不多，哪怕你没有丰富的植物学知识，也能看出它们都是“一家子”。

有些蔬菜的单个物种可以选育出许多形态的品种，但柑橘类却不是这样。

根据DNA研究发现，现存所有柑橘类水果有三个共同祖先，分别是柚子、宽皮橘子和枸橼，前两者至今仍是常见水果，而枸橼长得像柠檬，汁水又酸涩，一般作为中药使用。至于橙子、柠檬等其他柑橘类水果，就完全是从这三个物种里不断杂交后产生的。

柑橘类植物在野外也很容易自然杂交，在人类开始栽种柑橘之前，它们已经杂交得混乱不堪，但人类的参与让它们的杂交变得更为彻底。

根据考古研究发现，中国人至少在距今5000年前就完成了宽皮橘和柚子的杂交，得到的“混血儿”就是橙子。而橙子又成为下一轮杂交的主力军：将橙子和橘子杂交后人们得到了柑橘，将橙子和柚子杂交后产生了西柚，将橙子和枸橼杂交后产生了柠檬。

一些柑橘类水果甚至还反复杂交了许多次，典型的例子就是橙子。早期杂交得到的橙子甜分不够，1810年，巴西人首先杂交出脐橙。

脐橙产量丰富，口感也好，很快风靡全球。

但橙子的皮实在厚实难剥，为了解决这个问题，近些年人们又将橙子和橘子多次杂交，得到了可以像橘子一样直接剥皮的橘橙。

可以想见，只要人类对甜蜜果实的追求不停止，柑橘家族就会越来越庞大。

06. 被波斯人用作军粮的“阿月浑子”是什么？

“兵马未动，粮草先行。”自古以来，军粮就是军事活动能否成功的重要支撑。古代行军打仗往往长达数年，当时缺乏足够的保鲜技术，如何能在确保军粮不变质的前提下提供尽量多的营养，世界各地的人们想出了各种妙招。

古代中国粮食作物充足，但大米储存时间相较于粟米短，在先秦之前，粟一直是军粮的主力；在小麦磨制成面粉的技术推广之后，以面粉制作的烙饼、锅盔又成为更有优势的军粮选择。

蒙古草原的游牧民族虽然缺少粮食，但风干肉条和奶制品热量充足且方便携带，蒙古骑士的行囊里总缺不了它们的身影；纵横海上的维京人（又称“北欧海盗”）靠海吃海，新鲜鳕鱼只需晒干，就是最好的蛋白质补给。

不过，古代波斯军队的军粮就让人摸不着头脑了，在他们的军事典籍里，总是提到一种叫作“阿月浑子”的东西可以供养大军，可“阿月浑子”又是什么？

“阿月浑子”并不是什么稀奇东西，它正是我们常吃的开心果的真正名字。古波斯是开心果最早被驯化和种植的地方，直到今天，波斯帝国所在地伊朗依旧是开心果最主要的产区。

我们常吃的开心果，真名原来是“阿月浑子”，它还是古代波斯人的军粮呢

和许多坚果一样，开心果是典型的高热量食物，吃二三十颗开心果所产生的热量就能支撑一个成年人慢跑100分钟。产量丰富、口感怡人又能量充足，开心果因此而被列入波斯人的军粮名录也就不奇怪了。

07. 酸甜的山楂在古代居然没人吃？

山楂和糖这一对儿可是结缘已久了，据说，冰糖葫芦的原型本是一剂药方。宋光宗的一名妃子得了厌食症，皇帝遍访天下终于得到良方——用山楂和红糖熬煮，在饭前服用，妃子服用后果然食欲好转。在今天，用来制作冰糖葫芦的水果已经极其丰富，但糖和山楂的组合还是最为正统。

不过，如果没有糖的帮衬，酸倒牙的山楂肯定不会这么受欢迎。而在大航海时代来临之前，由于缺乏甘蔗这样高效的产糖作物，糖一直是价格高昂的调味品，古代的糖或者来自蜂蜜提炼，或者用产量极少的甜菜制成，寻常百姓家是消费不起的。

正是由于缺少了同伴，山楂在古代一直不受待见，除了用作中药之外，山楂很少作为水果单独食用，但古代华北地区种植的山楂树还是很多。当然，人们栽种山楂也并非只为了获取山楂果，也是看中了它的枝干生长迅速、便于燃烧的特性。在《齐民要术》（我国古代的一种综合性农学著作）一书中对山楂这样描述道，“多种之为薪”。“薪”正是古人对烧火用的木柴的统称。

当然，当来自异国他乡的产糖作物开始在中国普及，山楂也终于迎来了自己的春天。从传统种植区域出发，山楂种植逐渐拓展到了河北，甚至到了关外的辽宁，以糖为辅料的山楂果品也逐渐多了起来。

08. 西米露里的西米是从哪里来的？

西米是制作甜品西米露的原料，在加热之前，白色的西米就像圆球状的米粒，但煮熟后的西米却晶莹剔透、软糯弹牙，看起来就和普通稻米差别极大了。那么，西米到底是一种什么“米”呢？

其实，西米原本不长这个样子，它是一种人为加工而成的淀粉制品，而制作它的淀粉甚至不是来自谷物。如果细细品尝，西米略带一股轻微的椰香。没错，西米正是用一种叫作西谷椰子的淀粉制作的。

在东南亚的热带沿海，西谷椰子是一种被市场忽略的植物。和制作椰汁、椰蓉的普通椰子不同，西谷椰子的椰果只有鸡蛋大小，它的奥妙全藏在高大的树干中。

当地人将西谷椰子砍倒后，用木槌将树干的内芯捣碎，再用水简单冲泡后，蕴藏在木质纤维里的淀粉就沉淀出来了。一棵西谷椰子树的树干里至少含有上百千克的淀粉，甚至还有一棵树里筛出三四百千克淀粉的纪录。

在当地，人们将来自西谷椰子树的淀粉作为主食。把西谷椰子产的淀粉搓成小球，就成了我们所吃的西米露里的西米了！

09. 山葵、辣根和芥末是一回事吗？

吃日本料理时，提振鲜味的酱碟总是少不了的，尤其是生鱼片这样味道鲜美的食材，更是离不开辛辣佐料的帮衬。

不过，辛辣佐料到底是什么？是山葵、辣根，还是芥末？

你或许以为，这不就是同一种东西的不同叫法吗？还真不是，山葵、辣根和芥末其实是由三种不同植物的不同部位制作而成的。

山葵、辣根和芥末都是十字花科的植物，让人感到辛辣的原理也很相近，都是来自一类叫作“异硫氰酸酯”的化合物对鼻腔的刺激。但它们的相同点也就止步于此了。

虽然出自同门，但山葵、辣根和芥末原本分布的区域可谓天南海北。

山葵原本是日本静冈县的特产，那里昼夜温差较大，又有充沛的水源滋养，栽种出的山葵能达到最完美的口感。

从德川家康时代直到今天，山葵的种植规模一直不大，以水田栽种的山葵块茎细细研磨得到的山葵酱辛辣味浓郁，一直是日本料理店中较上等的调味品。

相比于遥远东方的山葵，由古罗马人栽培的辣根就要亲民得多了。至少在公元1世纪左右，罗马人的餐桌上就出现了辣根的身影，而到了13世纪，用辣根的根部研磨成的辛辣酱已经成了欧洲常见的调味香料。

和两位“兄弟”相比，芥末出场的时间其实更早，至少在公元前600年，地中海沿岸的人们已经发现，用芥末的种子研磨出的酱料带有浓郁的辛辣味，但在最初的几百年里，这些黄色的酱料一直被视作可以解毒的膏药，直到公元1世纪左右，才有古罗马厨师尝试着将它们投入烹饪领域。

10. 平平无奇的狗尾巴草，却是滋养了中华文明的“秘密武器”

猜猜看，我们的祖先最早吃的粮食是哪种？很遗憾，我们熟悉的小麦和稻米都不是。在中华文明从黄河流域起源时，小麦还扎根在两河流域的田埂内，水稻在当时还不在珠江流域种植，被黄河晚风吹拂得低下头去的是五谷之首——稷。它还拥有许多名字，《诗经》中常说的粟和粱都是它的别名，甲骨文里更是用“禾”来特指粟。不过，今天的我们更熟悉的是它的另一个名字——小米。

为什么小米成了中国人最早的主食？这要从它广泛的分布特点去理解。直到今天，小米的野生祖先依然寻常可见，它就是田间地头再普通不过的狗尾巴草。

古代中国人可能无意间发现这种身边的野草会出现偶然的变异，果穗变得比普通狗尾巴草更加膨大。人们将这些种子收集栽种，并一代代继续选育种子更大、结穗更多的良种，逐渐完成了从狗尾巴草到小米的转化。而稻米、小麦的进化也都经历了类似的过程。

从黄河流域起源，小米在漫长的岁月里始终伴随着中华文明进步的脚步：在秦汉之前，小米一直是中国最重要的粮食；唐宋时期，朝廷也在南方推广小米种植。直到南宋末期，水稻和小麦的种植技术愈发成熟，小麦磨制面粉的食用方式也更方便后，小米才逐渐退出了主粮的舞台。

11. 糖是怎么从贵族专享走进千家万户的？

你知道吗，对甜味的渴望深深镌刻在每个人的基因里，但吃糖这件事在古代可是奢侈极了。

今天，我们可以以低廉的价格买到各色糖果，这是因为我们可以广泛种植产糖量高的甘蔗，但这种高产的作物在全球推广开来不过是最近几百年的事。

古代的中国和印度也有甘蔗，但中国的竹蔗纤维多而汁水少，一根竹蔗能榨出的糖水并不多，印度的细秆甘蔗汁水丰富，却很容易受到病害的影响而大规模死亡。更何况，这两种甘蔗只分布在热带附近区域，在大航海时代来临之前，由它们提炼出的糖只能摆放在王公贵族的餐桌上，和寻常百姓几乎无缘。

美洲新大陆被发现之后，欧洲殖民者发现中美洲尤其是加勒比地区的气候条件极其适合栽种甘蔗，而一种热带甘蔗又完美地填补了中国和印度甘蔗品类的不足。从那时开始，到美洲种甘蔗成了全球性的产业。当时许多地区被用来栽种甘蔗，南美的巴西和美国南部地区被大片甘蔗园覆盖。

美洲的甘蔗种植为世界提供了甜蜜，而技术的进步又让世界上其他地区也出现了高产的甘蔗品种。通过将热带甘蔗和竹蔗、印度甘蔗杂交，今天的甘蔗种植已经遍布世界。另外，甜菜的良种选育也让热带以外的区域开始可以种植甜味作物。

糖分，这种让人吃了容易开心起来的东西，终于走进了千家万户。

12. 你泡水喝的玫瑰是真玫瑰，你手捧的玫瑰都是“李鬼”

每逢浪漫的节日，玫瑰总是爱人们倾诉情感的最佳使者。一朵花是怎么和爱情挂上钩的？这还要从古希腊神话说起。

相传，爱神阿芙洛狄忒（指罗马神话里的维纳斯）为了寻找她的情人阿多尼斯而奔跑在花丛中，花枝上的刺扎破了她的手和脚，鲜血滴落在白色的花朵上染红了花瓣，从此，红色的花朵便被赋予了爱的含义。

这则神话里提到的那种花叫作“Rose”，而在西方语境里，Rose其实是种泛指，除了玫瑰之外，月季和蔷薇也可以使用这个名字。这三类花的茎上都长有尖刺，也都能开出红色的花朵，看起来都可以成为神话里的主角。

唯一不同的是，在1867年之前，欧洲花园里的蔷薇、玫瑰和月季中，只有蔷薇可以一年四季都开花，在神话故事将带刺的花朵引申为爱情的代表后，赠送鲜花的习俗便逐渐在欧洲流传。可想而知，只有常年开花、花朵数量够多的蔷薇才能满足人们对鲜花的需求。

1867年是个特殊的年份，正是在这一年，欧洲的花匠第一次培育出可以四季开花的月季。

和蔷薇相比，月季的花更大，这个新品种也很快替代蔷薇成为鲜花赠送的首选。直到今天，我们在花店买到的“玫瑰花”，其实还是这些现代月季。

那么真正的玫瑰呢？它其实从未出现在人们赠送鲜花的选择范围里。

玫瑰一年只开放一季，它的花朵也小得可怜。不过，玫瑰花的香味却比蔷薇和月季都浓烈得多，很久之前，它就成为提炼精油的最佳选择。另外，它的花朵烘干后不仅可以用来泡茶，一些啤酒品牌也会在啤酒中添加干玫瑰以提升香气。

玫瑰虽然从来没有真正地出现在爱侣们的手里，却也一直在我们的生活里释放着芳香。

我们在花店买到的玫瑰花，品种其实是“现代月季”